ISBN-13: 978-1517008949

ISBN-10: 1517008948

INSTALACIONES ELECTRICAS ESPECIALES EN EDIFICIOS E INDUSTRIA

Miguel D'Addario

Primera edición

CE

2015

Índice

Centrales de alarmas de incendios: Sistemas convencionales e inteligentes: Definición. Sistemas hidráulicos: Interconexión con un sistema de alarmas. Iniciadores y anunciadores: Diferentes tipos. Detectores de humo: Fotoeléctricos e iónicos. Pruebas a los sistemas de alarmas contra incendios. **Pág. 11 a 55**
Autoevaluación: Pág. 57
Solucionario: Pág. 63

Instalaciones eléctricas de enlace y centros de transformación: Redes eléctricas de distribución. Centro de transformación. Instalaciones de enlace, partes y elementos que las constituyen. Tarifación eléctrica. Transmisión de información en los sistemas eléctricos, área de aplicación. **Pág. 65 a 106**
Autoevaluación: Pág. 207
Solucionario: Pág. 113

Instalaciones energía solar fotovoltaica: Aplicaciones de la energía solar fotovoltaicas. Componentes de una instalación fotovoltaica. Dimensionado de instaladores solares fotovoltaicas. Sistemas fotovoltaicos conectados a la red. **Pág. 115 a 145**
Autoevaluación: Pág. 147
Solucionario: Pág. 153

Mantenimiento de máquinas: Transformadores. Pilas y acumuladores. Maquinas eléctricas rotativas de corriente continua: Generadores y motores. Maquinas eléctricas rotativas de corriente alterna: Generadores y motores.

Pág. 155 a 192

Autoevaluación: Pág. 193
Solucionario: Pág. 199

Instalaciones eléctricas en quirófanos y áreas especiales: Monitor detector de fugas. Puestas a tierra. Conductores de equipontencialidad. Tomas de corriente y cables de conexión. Protecciones: diferenciales y magnetotérmicos. Suelos antielectrostáticos. Iluminación. Medidas de las resistencias. Transformadores de aislamientos. Controles periódicos.

Pág. 201 a 252

Autoevaluación: Pág. 253
Solucionario: Pág. 259

Centrales de alarmas de incendios: Sistemas convencionales e inteligentes: Definición. Sistemas hidráulicos: Interconexión con un sistema de alarmas. Iniciadores y anunciadores: Diferentes tipos. Detectores de humo: Fotoeléctricos e iónicos. Pruebas a los sistemas de alarmas contra incendios.

Centrales de alarmas de incendios
Sistemas convencionales e inteligentes: Definición

NTP 41: Alarma de incendio (Notas técnicas de prevención)

Cuando se declara un incendio, tras su detección, existen toda una serie de acciones que tienden a limitar su desarrollo y por tanto sus consecuencias. Estas acciones deben estar previstas y organizadas en medios técnicos y humanos dentro del llamado PLAN DE EMERGENCIA.

Todas las acciones no se desarrollan normalmente de forma simultánea sino que han sido previstas, en el plan de emergencia, para que se lleven a cabo, cuando la emergencia ha alcanzado una determinada gravedad; se precisa por tanto de una alarma de incendio, que mejor debía llamarse plan de alarma o plan de comunicaciones, que alerte a las personas o instalaciones previstas para actuar en cada estrato de la emergencia.

La transmisión de la alarma puede ser comandada en todo (por ejemplo por la noche sin presencia de personal), o en parte, a través de las centrales de detección si la actividad está protegida por un sistema de detección automático (**NTP-40.83**), o cuando exista, por un sistema de extinción automático (**NTP-44.83**). La presente NTP tiene como objetivo analizar otros tipos de alarma que precisan de la concurrencia de personas para su activación, que son utilizados para alertar a personas y que en ocasiones complementan a las instalaciones automáticas antes citadas.

Tipos de instalaciones

La transmisión de la alerta puede ser por voces o por sistemas más completos. La transmisión por voces sólo tiene sentido para locales pequeños, poco compartimentado y durante las horas de ocupación. Sus desventajas son evidentes para otras situaciones y, aun así, en ocasiones, se ha dado el lastimoso hecho de que se ha "olvidado" avisar a algunas personas que estaban en aseos, vestuarios, altillos, etc. Otros sistemas más completos de transmisión de la alarma incluyen: buscapersonas, emisores receptores, teléfonos interiores y exteriores, pulsadores de alarma, instalaciones de alerta (usualmente sirenas) e instalaciones de megafonía. Los buscapersonas y los emisores-receptores son medios de difusión muy reducida, utilizados normalmente para el aviso a/o desde un número reducido de personas, que usualmente son difíciles de localizar por el tipo de trabajo que desarrollan, por el tamaño de la empresa, o porque no pueden trasmitir la alarma por otros medios dada la configuración de la empresa (instalaciones en el exterior). El teléfono es uno de los medios más utilizados en los planes de emergencia, para la transmisión de alarmas entre el personal de la empresa, o solicitud de ayudas externas. Como medio de alarma interior el problema evidente es el retraso que se sufre cuando el número que se desea contactar está comunicando, este defecto es subsanable si cuando se utiliza para trasmitir la alarma a un puesto de control centralizado, se ha previsto con anterioridad que se efectúe por una extensión especial, que sólo se utiliza para emergencias y se recibe únicamente en dicho puesto de control. Lo que no es admisible en absoluto es como único medio de alarma entre el puesto de control y los locales a los que se quiere alertar. Los pulsadores de alarma, instalaciones de alerta y megafonía son las instalaciones **específicas** de alarma de incendio más recomendadas por los prevencionistas y que con mayor profusión se encuentra requeridas en la legislación vigente y normativas. Existe una diferencia notable en sus campos de aplicación: mientras los pulsadores trasmiten la alarma desde cualquiera de ellos **hasta un puesto de control**, las instalaciones de alerta y megafonía está previsto que alerten, **desde un punto de control**, a las personas que deben emprender alguna acción para limitar las consecuencias del incendio. Es evidente que para este fin las instalaciones de megafonía son mejores que las de alerta, pues permiten una mayor versatilidad en la alarma (vía de evacuación que se debe seguir, alarmas en claves, orden concreta a una determinada zona, etc.).

Criterios legales

La exigencia de instalaciones de alarma de incendio es frecuente en la Normativa Legal Vigente, aunque polarizadas hacia los locales de pública concurrencia, lo cual es lógico por la necesidad de disponer de alarmas que alerten con rapidez, a las personas que deban realizar las acciones previstas en el plan de emergencia. Deben tenerse presentes las Ordenanzas de los distintos municipios que por su dispersión no se incluirán en la presente NTP. Se relacionan a continuación, como referencia, extractos de las Normativas más importantes, de obligado cumplimiento a nivel nacional.

Establecimientos sanitarios.

Normas para Establecimientos Sanitarios construidos con posterioridad al 7-11-1979:

Art. 1.º Los proyectos de Edificios Sanitarios de nueva construcción deberán adaptarse a los principios técnicos generales de la Norma Tecnológica de la Edificación IPF/1974 "Instalaciones de protección contra el fuego", recogida en la Orden del Ministerio de la Vivienda de 26 de febrero de 1974 y demás disposiciones que la complementen. El cumplimiento del citado artículo implica la exigencia en ciertos casos de un sistema de detección automático (**NTP-40.83**) que incluye parte del plan de alarma.

Normas que deben cumplir **todos** los establecimientos sanitarios desde el 7-11-1980:

Art. 4. º Siempre que sea posible, con independencia de las líneas telefónicas de uso normal, se establecerá una línea telefónica directa, cabezacola entre el Centro Sanitario y el Servicio de Extinción de Incendios de la localidad donde se encuentre el establecimiento.

Art. 8. º Todo establecimiento dispondrá de un sistema de alarma interior -pulsador de alarma, teléfono, intercomunicador o radio- que permita informar rápidamente de la existencia de un incendio al Centro de comunicaciones de la Institución, desde donde se iniciará instantáneamente la ejecución del Plan de Incendios.

Establecimientos turísticos. Ministerio de Comercio y Turismo

Exigible a los establecimientos turísticos de más de 30 habitaciones a partir del 10 de julio de 1980.

Art.1. ° apartado g. Dispositivos de alarmas acústicas audibles en la totalidad del establecimiento, capaces de ser accionados desde recepción y desde todas las plantas. La instalación debe ser blindada y resistente al fuego.

Con posterioridad, en una circular aclaratoria de la Dirección General de Empresas y Actividades Turísticas, se incluía en el punto 2.4.

Instalación de los dispositivos de alarma acústicos

Se pretende con ello:

    a. La existencia de una alarma audible en todas las dependencias.

    b. La posibilidad de accionar la alarma desde todas las plantas por el personal que descubra un incendio.

La forma de lograr ambos fines será que los pulsadores existentes en las plantas den una alarma en recepción (u otro lugar permanentemente ocupado) y que desde allí se pueda accionar la alarma audible en todas las dependencias, tras juzgar sobre la oportunidad de esta medida.

Los pulsadores de alarma deberán colocarse en cajas con cristal inastillable fácilmente rompible:

    • En pasillos de cada planta de habitaciones (al menos uno cada 15 metros y siempre uno a la vista).

- En todos aquellos locales de uso común o de servicios en que exista cantidad apreciable de material combustible o que su situación estratégica así lo haga aconsejable.

Además de la alarma audible, deberá existir un panel o cuadro en el que mediante señal luminosa se indique lo más concretamente posible la zona o lugar en que se activó la señal de alarma.

Reglamento de espectáculos públicos. Ministerio del Interior
De obligado cumplimiento en locales de Espectáculos Públicos de nueva construcción y en reformas de antiguos (ver ámbito de aplicación del Real Decreto).

Art. 21. 1. Todo establecimiento destinado a espectáculos o recreos públicos estará provisto de teléfonos y timbres eléctricos y de un sistema de avisadores de incendios para dar la señal de alarma, susceptible de conexión con el servicio general, de conformidad con el informe del Servicio Municipal contra Incendios o del Provincial en su defecto, a la vista de lo dispuesto en la Norma Básica de la Edificación "Condiciones de Protección contra Incendios en los Edificios".

Norma básica de la edificación. NBE-CPI-82. Ministerio de Obras Públicas y Urbanismo
De obligado cumplimiento en todo el territorio nacional con las salvedades que se establecen en el Real Decreto (**NTP-25.82**).

Mientras no entren en vigor los Anexos, la importancia de su contenido respecto a la alarma queda reducida a su valor normalizador.

4.2.3. Instalaciones de Alarma

Se consideran instalaciones de alarma las siguientes:

- Instalación de Pulsadores de Alarma.
- Instalación de Alerta.
- Instalación de Megafonía.

La instalación de Pulsadores de Alarma tiene como finalidad la transmisión de una señal a un puesto de control, centralizado y permanentemente vigilado, de forma tal que resulte localizable la zona del pulsador que ha sido activado y puedan ser tomadas las medidas pertinentes.

Los pulsadores habrán de ser fácilmente visibles y la distancia a recorrer desde cualquier punto de un edificio protegido por una instalación de pulsadores, hasta alcanzar el pulsador más próximo, habrá de ser inferior a 25 m.

Los pulsadores estarán previstos de dispositivo de protección que impida su activación involuntaria.

La instalación estará alimentada eléctricamente, como mínimo, por dos fuentes de suministro, de las cuales la principal será la red general del edificio. La fuente secundaria podrá ser específica para esta instalación o común con otras de protección contra incendios.

En los casos en que exista una instalación de detección automática de incendios, la instalación de pulsadores de alarma podrá estar conectada al mismo equipo de control y señalización. En este caso el equipo de control y señalización permitirá diferenciar la procedencia de la señal de ambas instalaciones.

La situación de los Pulsadores de Alarma se señalizará conforme a lo establecido en 6.7 1.

La instalación de Alerta tiene como finalidad la transmisión, desde un puesto de control centralizado y permanentemente vigilado, de una señal perceptible en todo el edificio o zona del mismo protegida por esta señal, que permita el conocimiento de la existencia de un incendio por parte de los ocupantes.

El Plan de Emergencia contra incendios contemplará la forma de utilización de esta instalación, así como la posible existencia de dos niveles de señal, destinado uno de ellos a un número restringido de personal y generalizado el segundo.

El puesto de control de esta instalación estará asociado a la instalación de Pulsadores de Alarma, así como a las de Detección y Extinción Automáticas, cuando éstas existan.

Las señales serán acústicas en todo caso y además visuales cuando así se requiera por las características del edificio o de los ocupantes del mismo.

La instalación de Alerta podrá considerarse sustituida por la Megafonía, cuando ésta exista y pueda cumplir todos los requisitos establecidos para aquélla.

La instalación de Megafonía tiene como finalidad el comunicar a los ocupantes del edificio o de una zona del mismo la existencia de un incendio, así como transmitir las instrucciones previstas en el Plan de Emergencia contra incendios.

Dicha instalación de Megafonía tiene como finalidad el comunicar a los ocupantes del edificio o de una zona del mismo la existencia de un incendio, así como transmitir las instrucciones previstas en el Plan de Emergencia contra Incendios.

Dicha instalación será audible en la totalidad del edificio o zona protegida por la misma y deberá complementarse con las adecuadas señales ópticas, cuando así lo requieran las características de los ocupantes del mismo.

Las instalaciones de Alarma se someterán a inspección al menos una vez al año o después de haber sido utilizadas en caso de incendio, comprobando el estado y funcionamiento de todos sus elementos.

Instalación de alarmas convencionales e inteligentes

Las OO. MM. de la Secretaría de Estado de Turismo sobre prevención de incendios presuponen que la detección está confiada a las personas (detección humana), si bien no se excluyen los sistemas de detección automática con cobertura total o parcial.

En el caso más generalizado de detección humana, al producirse un conato de incendio, el personal del establecimiento hotelero, siguiendo las instrucciones del manual de emergencia o los propios clientes a través de las instrucciones de emergencia y planos de situación, darán la alarma, desencadenando así el plan de emergencia.

La alarma se transmitirá a través de pulsadores alojados en cajas, situados en cada pasillo de habitaciones, locales de uso común, locales de servicio de situación estratégica y locales de almacén o de especial riesgo de incendio. En los pasillos de habitaciones habrá al menos un pulsador cada 15 metros y siempre uno a la vista.

Una vez dada la alarma, ésta se recibirá en un panel de señalización, situado en recepción o lugar ocupado permanentemente, en el cual mediante señal luminosa y acústica local se indicará lo más concretamente posible la zona donde se activó la alarma y alertará al personal responsable.

Con arreglo al plan de emergencia establecido, una vez evaluado el siniestro y si éste no es controlado por los medios propios, la dirección o el responsable de seguridad activarán la alarma general que dará paso al plan de evacuación.

Es necesario, por tanto, la existencia de una alarma acústica audible en la totalidad de las dependencias de la instalación hotelera.

En función del tamaño del establecimiento turístico, la alarma general puede ser incluso escalonada.

Las canalizaciones eléctricas necesarias serán llevadas a cabo de igual forma que la descrita en el punto 1.1.6. /4.º; para el caso de alumbrado de emergencia alimentado por una batería de acumuladores o grupo electrógeno de arranque automático.

Las canalizaciones para la instalación de detección y alarma serán totalmente independientes de las necesarias para los alumbrados de emergencia y señalización.

Una vez instalada la red de alarma, deberá de efectuarse un ensayo de funcionamiento de la misma para comprobar su eficacia.

La empresa deberá disponer de un certificado emitido por técnico competente o instalador autorizado, en el que conste la realización positiva de este ensayo, para el conjunto del establecimiento hotelero.

Las canalizaciones principales que parten de estas fuentes propias de energía y hasta la conexión a los circuitos individuales de los alumbrados especiales, podrán estar constituidas por:

a. Conductores rígidos aislados, de tensión no inferior a 750 voltios, alojados en el interior de tubo protector de tipo no propagador de la llama, instalado en montaje empotrado.

b. Conductores rígidos aislados con goma silicona, de tensión nominal no inferior a 750 voltios, alojados en el interior de tubo protector blindado, instalado en montaje superficial, y no propagador de llama.

c. Conductores rígidos aislados con goma silicona, de tensión nominal no inferior a 750 voltios, con cubierta de protección, colocados en huecos de la construcción totalmente construidos con materiales incombustibles.

d. Otras canalizaciones de igual o mayor resistencia al fuego.

El tubo protector blindado es (hoja de interpretación nº 18 al REBT) tubo metálico o de material plástico aislante y rígido con un grado de protección 7 ó 9 según UNE 203224.

Sistemas de Alarma Manual

Los sistemas de alarma activados manualmente, corresponden a interruptores eléctricos que al pulsarse activan una alarma sonora, la que alerta a los ocupantes del recinto que deben evacuar la zona y, además puede activar una central de alarmas ubicada en un lugar diferente.

Existen una serie de dispositivos, de diferentes diseños que se utilizan para estos fines. Estos se deben señalizar claramente, indicando cuando deben usarse. En aquellos que exista la posibilidad de que se generen falsas alarmas, estos interruptores deben estar dispuestos de modo tal que se necesite romper una barra acrílica o un vidrio para activarlos. El sistema de alarma definido en el punto anterior es la mejor opción, sin embargo si este tipo de sistema no existe o no se cuenta aún con los medios para implementarlo, se sugieren las siguientes alternativas:

Otra forma posible de dar una alarma, es por medio de la instalación de algún dispositivo que por medio de un sonido permita alertar a los ocupantes del lugar. Este puede ser un timbre o una campana, sin embargo, el requisito es que éste sólo sea utilizado para estos fines y al igual que los sistemas anteriores, sea reconocido como alarma de incendio.

Equipos para el combate de incendios

Para aplicar los métodos anteriores existen una serie de equipos de diversa naturaleza, los que clasificaremos de la siguiente forma:

- **Instalaciones móviles**
- **Instalaciones fijas**

Instalaciones móviles

Estos son equipos móviles que se utiliza para la primera intervención en caso de incendio, estos son extintores portátiles y mangueras contra incendio de diámetro reducido.

Extintores portátiles

¿Para qué sirve un extintor?

Dado que usualmente se les denomina extintores de incendio, se podría pensar que ellos se deben ocupar obviamente para apagar incendios. Sin embargo, esto no es correcto, ya que el extintor ha sido concebido para combatir principios de incendio, es decir, fuegos que recién comienzan. Si se intenta aplicarlos a fuegos de grandes proporciones, no sólo serán inútiles, sino que expondrá a quienes los ocupen a riesgos graves y quizás fatales. De hecho un extintor de polvo químico seco, de 10 kg. se descarga en aproximadamente un minuto.

Características de un extintor

Un extintor es básicamente un aparato que permite lanzar al fuego un agente extintor contenido en su interior. Un extintor se compone de:

- Un cilindro o recipiente en el cual se contiene el agente extintor.
- Un sistema de válvula que cuando es accionado permite la salida del agente extintor. Por lo común, hay una manija que acciona el sistema.
- Un gas que proporciona la presión suficiente para expulsar el agente. En algunos casos el mismo agente extintor proporciona esta presión. Usualmente existe un manómetro que permite verificar la presión.
- El agente extintor debe ser adecuado para los diferentes tipos de fuego que se describieron en el Capítulo I.

1. Cuerpo del extintor
2. Agente extintor
3. Agente impulsor
4. Manómetro
5. Tubo sonda de salida
6. Maneta palanca de accionamiento
7. Maneta fija
8. Pasador de seguridad
9. Manguera
10. Boquilla de manguera

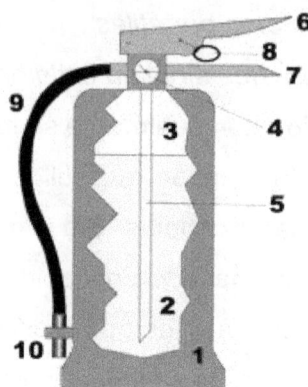

Extintores de polvo químico seco (P.Q.S.)

Este es el tipo más común de extintor, ya que generalmente son del tipo multipropósito, es decir sirven para todo tipo de fuegos. Este tipo de agente extintor actúa mediante reacciones químicas inhibiendo la reacción en cadena. Sin embargo antes de usarlo se debe observar lo siguiente:

- El extintor debe ser el apropiado para el fuego que se desea combatir. Ya que si bien la gran mayoría son para fuegos tipo A, B y C, existen algunos que sólo se aplican a fuegos B y C.

- Debe existir la presión interna adecuada. Esta se observa en el manómetro ubicado en la zona superior del extintor, este sólo debe utilizarse si la aguja del manómetro se encuentra en la zona verde, es decir tiene presión suficiente.

TIPOS DE MATAFUEGOS							
	A Agua	AB Agua + Espuma Química	ABC Polvo Quimico Seco	BC Dióxido de carbono (CO2)	ABC Halotron 1	D Polvo Quimico D	K Potasio
A Solidos	SI	SI	SI	NO	SI	NO	NO
B Liquidos	NO	SI	SI	SI	SI	NO	NO
C Eléctricos	NO	NO	SI	SI	SI	NO	NO
Metales	NO	NO	NO	NO	NO	SI	NO
K Grasas	NO	NO	NO	NO	NO	NO	SI

Extintores de Dióxido de Carbono (CO2)

Estos extintores sirven para fuegos B y C. Aunque también puede ser utilizado en fuegos tipo A su efectividad será relativa. El dióxido de carbono se encuentra almacenado en forma de gas licuado, cuando se abre la válvula el líquido sale al exterior en forma de gas, recuperando su volumen normal. Al producirse esta expansión desplaza el aire del punto de aplicación, eliminando de esta forma el oxígeno, con lo que el fuego no puede continuar. Por lo que este tipo de extintor actúa por sofocación. Sin embargo al expandirse se produce una baja de temperatura importante, lo que produce un efecto de enfriamiento que también actúa sobre el fuego. Se debe ser especialmente cuidadoso al operar un extintor de este tipo, ya que la boquilla de descarga disminuye rápidamente de temperatura, por lo que podría provocar quemaduras por frío. Sólo utilice la empuñadura que posee la boquilla de descarga para dirigir el flujo de gas.

Extintores de agua a presión

Su funcionamiento es similar a los extintores de PQS, salvo que el agente extintor es agua, actuando sobre el fuego por enfriamiento. Sólo se debe utilizar en fuegos tipo A. No se debe utilizar este tipo de extintores en aquellos puntos donde exista riesgo de contacto con electricidad, ya que por ser el agua un excelente conductor el operador puede sufrir una descarga eléctrica.

Extintores de Halon

Estos extintores son de un uso limitado ya que presentan un alto costo y actúan sobre el fuego inhibiendo la reacción en cadena. Este tipo de elemento afecta la capa de ozono por lo que su uso fue prohibido. Sin embargo hoy existen algunos tipos de compuestos de Halon que son ambientalmente seguros.

Extintores de espuma

Estos extintores tienen en su interior agua y una cápsula de espuma. Cuando se activa, el gas expulsa el agua y la combina con el concentrado, formándose millones de pequeñas burbujas.

Esta espuma es capaz de crear una capa aislante sobre un líquido inflamable, impidiendo que los vapores entren en contacto con el oxígeno del aire y enfriándolo.

Al igual que los extintores de PQS y de agua, vienen con un manómetro que permite identificar el nivel de presión interior.

Existen diferentes tipos de concentrados de espuma, algunos son de origen orgánico y tienen una duración limitada, lo que significa que pueden estar vencidos, es decir no tendrán capacidad de apagar el fuego. En cambio existen concentrados de origen sintético que no tienen fecha de vencimiento. Este tipo de agente extintor también es conductor de la electricidad, por lo que se debe extremar las precauciones ante la presencia de equipos o tableros eléctricos.

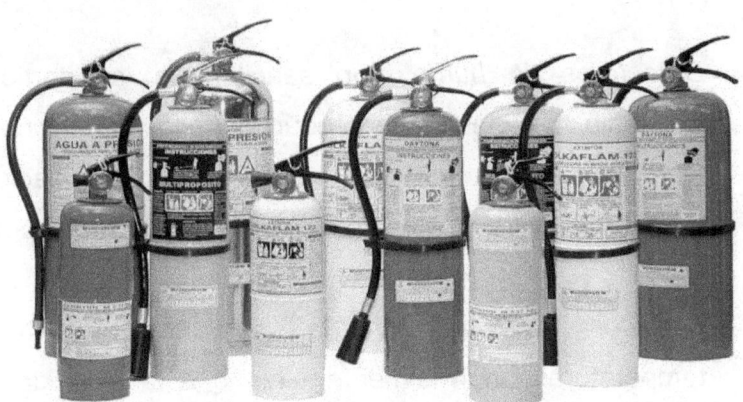

Diferentes tipos de extintores

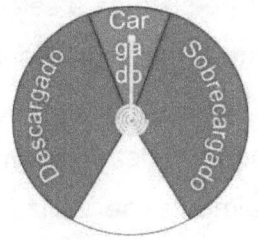

Cartel señalizador e indicador de carga

Sistemas de detección automática

Los sistemas de detección de incendios tienen como objetivo avisar a los ocupantes del recinto que deben evacuar la zona y, convocar a la ayuda organizada para hacerse cargo o colaborar, en la lucha contra el fuego, de forma automatizada, mediante dispositivos sensoriales. Esta condición que permite avisar la existencia de un incendio, considera la conexión de cada detector con una central de alarmas donde se registra el lugar donde se ha activado un detector y por otra parte, una alarma sonora que avisa a quienes se encuentren en las inmediaciones de la zona afectada. Existen una serie de equipos de detección, que si bien su objetivo es común, se diferencian por las características del elemento que detectan, éstos son de tres tipos:

- *Detectores de humo*: son sensibles a las partículas visibles o invisibles de los productos de la combustión.
- *Detectores de llama*: son sensibles a las radiaciones infrarrojas, ultravioletas o visibles producidas por el fuego.
- *Detectores de temperatura*: son sensibles a las temperaturas anormalmente altas o a la velocidad de aumento de la temperatura.

El tipo de sistema a seleccionar dependerá de las características del lugar donde se deseen instalar, ya que en algunos casos la actividad que se realice puede afectar el sistema de detección causando falsas alarmas. Sin embargo, el sistema que normalmente se utiliza en zonas para habitación (salas de pacientes por ejemplo) son los detectores de humo.

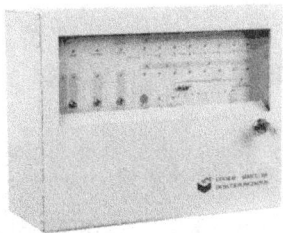

Central de alarmas automática

Sistemas hidráulicos. Instalaciones contra incendio Interconexión con un sistema de alarmas

Sistemas de contra incendio:

Las diferentes normas de construcción establecen que la totalidad de los edificios se han de construir teniendo en cuenta la combustibilidad de los materiales, la duración de la resistencia al fuego de los elementos constructivos y la clase de resistencia al fuego a la que pertenecen, la estanquidad de los cerramientos de los fuegos existentes, la situación de los recorridos de emergencia, de manera que se prevenga la declaración de un incendio, se evite la propagación del fuego y del humo y, en caso de incendio, se garantice el salvamento de personas y animales, así como la eficacia de los trabajos de extinción. Para satisfacer estos requisitos existen medidas activas y pasivas. Las medidas activas incluyen todos aquellos sistemas que, en caso de incendio, se ponen en marcha automáticamente, al igual que las instalaciones de extinción mediante rociadores de agua, instalaciones de detención de humo y fuego, instalaciones de sprinklers, rociadores de CO_2 etc. Las medidas pasivas abarcas todas aquellas soluciones constructivas adoptadas en un edificio y en sus elementos, colocación de vidrios y puertas contrafuego.

Sistemas De Conducción De Agua

Son los distintos métodos de transportar el agua desde el tanque o bomba de incendio hasta los distintos elementos de extinción de incendio como por ejemplo a los rociadores y salidas de agua para conexión de mangueras.

Tuberías de agua:

Son una red de tuberías, fijadas a los elementos constructivos del edificio, con tomas de agua para mangueras. Cuando es de más de dos pisos se utilizan columnas que pueden ser secas, húmedas y húmedas/secas, las columnas húmedas son tuberías verticales de agua de extinción, que están siempre sometidas con aguas a presión para alimentar los equipos de manguera utilizables por los ocupantes del edificio, *Las columnas secas*: es una columna normalmente utilizada por los bomberos provistas de bocas de salida en cada piso y toma de alimentación en fachada para conectar al tanque de los servicios de extinción o a un hidratante de incendio. Las columnas húmedas/secas: son tuberías verticales que en caso de necesidad se llenan de agua desde la red pública accionando a distancia las correspondientes llaves de paso.

Tubería astm:

Es una tubería a base de acero al carbono la cual es utilizada cuando la tubería del sistema de contra incendio va aérea.

Tubería P.V.C:

Es una tubería a base de plástico y es utilizada cuando el diseño de contra incendio indica que la tubería va enterrada en el terreno.

- En el momento de realizar un diseño de sistemas de contra incendios se debe prever el tamaño del tanque de agua y la capacidad de la bomba que conjuntamente con este suministra agua a toda la instalación del edificio, el tanque de agua de incendio y de consumo de los habitantes de una edificación puede ser el mismo, es decir un solo tanque para las dos necesidades, o uno para cada una de ellas, en caso tal que sea un tanque en conjunto se debe calcular el consumo necesario por los individuos del edificio y la reserva que debe quedar en el tanque en caso de emergencia, en este tipo de tanque deben estar conectados dos tubos, uno de ellos que suministre agua a todo el edifico, el cual debe llegar hasta el límite de reserva y el otro desde este límite hacia abajo, de manera tal que no consuma la Si el lugar donde se diseña el sistema de contra incendio es de uso especial, como por ejemplo, fábricas de productor inflamables, galpones de maquinarias, etc., se deben prever sistemas extintores diferentes al agua, como por ejemplo dióxido de carbono, sustancias químicas pulverulentas, espuma, etc.
- En cada columna de agua deben ir conectadas bocas de salida, para conectar las mangueras de los equipos extintores en estas.

- Reserva para casos de emergencia.

Mangueras contra incendios

Las mangueras contra incendios de diámetro pequeño están diseñadas para ser utilizadas en el control y extinción de un incendio, que recién se inicia y de pequeña magnitud. Este tipo de material es de uso sencillo y puede ser muy eficaz para evitar que un incendio aumente o se propague. Las mangueras son fabricadas con diversos materiales y se ubican en diferentes tipos de gabinetes, como se describe a continuación:

Mangueras flexibles

Las mangueras flexibles están confeccionadas con materiales que permiten que se aplanen cuando están vacías, y sólo recuperan su forma circular por la presión del agua. El diámetro de estas mangueras es de 1.5 o 1 pulgadas. Se recomiendan para áreas físicas amplias, donde puedan desplegarse sin dificultad y en su largo total, esta última condición es fundamental para su uso, ya que sólo se puede utilizar si está totalmente extendida. Su largo en el interior de una instalación, no debe superar los 15 m. En caso que se desee que cubra tramos mayores se recomienda tener dos de 15 m, con un sistema de unión que permita, cuando se requiera, conectarlas entre sí.

Mangueras semirrígidas

Estas mangueras son fabricadas con materiales que les permiten mantener en forma permanente su forma circular, aunque no exista agua en su interior. Esto les facilita su funcionamiento aun cuando no se hayan desenrollado completamente, y tener hasta 30 m de longitud conservando la facilidad de utilización. Presenta diámetros similares a los de la manguera flexible.

Gabinetes con sistema de carrete

En este caso las mangueras están enrolladas en un carrete, que gira al tirar de un extremo de la manguera. Frecuentemente se emplean en mangueras semirrígidas, lo que facilita su utilización. Se les conoce como "carretes de intervención rápida". Si en estos carretes se emplean mangueras flexibles, será necesario desenrollarlas completamente para poder lanzar agua.

Cuidados de las mangueras

- Al desplegarlas, evite que queden sobre elementos punzantes o cortantes.
- Protéjalas del calor y la intemperie.
- Evite los golpes en las uniones.
- No ponga sobre ellas objetos pesados, ni permita que sean pisadas por personas o vehículos, especialmente si están con agua.
- Al abrir o cerrar el pitón hágalo lentamente.
- Una vez usadas, debe vaciarse el agua que haya quedado en el interior y enrollarse correctamente.

- Guarde la manguera una vez utilizada, procurando que queden listas para ser utilizadas nuevamente.
- Efectúe pruebas de operación en forma periódica, y si se detecta algún problema realice la mantención necesaria.
- Instruya al personal en la utilización de este tipo de mangueras.

Instalaciones fijas

Son sistemas incorporados a los edificios y que proveen protección en caso de incendio. Una forma son las llamadas redes secas, es decir cañerías de gran diámetro, sin agua, que permiten que los bomberos las utilicen para llegar al lugar del incendio sin necesidad de extender mangueras desde el sistema público de agua (grifos). El número de tomas de la red seca dependerá de las características del edificio y el nivel de riesgo existente. Sin embargo, en forma general se recomienda que las tomas se ubiquen en cualquier parte de la planta del piso, de tal forma que cualquier parte de cada piso se encuentre a un máximo de 40 m.

Conectados a sistema de alarma automáticos

Otra forma efectiva de protección ante incendio son los sistemas de regaderas automáticas, llamados sprinklers (rociadores). Estos son cañerías con válvulas que se abren automáticamente en caso de incendio, y que en muchos casos logran controlar el fuego de manera muy rápida y efectiva.

Sprinklers

Se ha demostrado en múltiples ocasiones la dificultad que existe para extinguir un incendio, utilizando el chorro de agua lanzado con una manguera, así como la efectividad de los sistemas móviles más allá de un amago. Estas dificultades se solucionan con la instalación de sistemas de rociadores automáticos llamados sprinklers. Estos son dispositivos que descargan agua automáticamente sobre el punto incendiado, en cantidad suficiente para extinguirlo totalmente o impedir su propagación. Este sistema se compone de una serie de pequeños dispositivos, que reúnen en sí mismo la función detectora y extintora, ya que se activan en forma automática al alcanzar la temperatura del recinto un valor determinado, por ejemplo 70° C, momento en el cual descargan agua, controlando el incendio por enfriamiento y sofocación. Además de utilizar el agua como agente extintor, existen sistemas de sprinklers que utilizan otros agentes como espuma, dióxido de carbono y otros gases. Esta condición de detección automática de incendio, que poseen los sprinklers, resulta clave para poder enfrentar un incendio y es la principal razón de su mayor efectividad, que los otros sistemas.

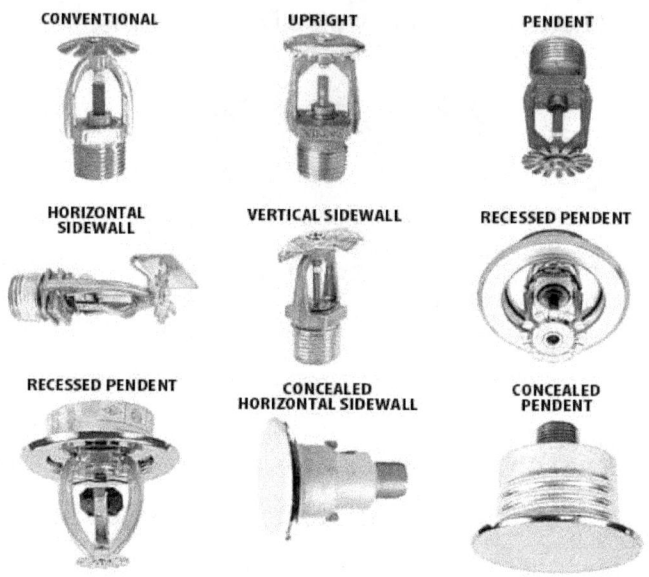

Sin embargo la instalación de sprinklers puede resultar de alto costo, si no fue considerada en el diseño del edificio, y por lo que en muchos casos la única opción para apagar un amago de incendio es la utilización de instalaciones móviles. Estas últimas verán incrementadas sus posibilidades de control del fuego, en la medida que se incorporen sistemas automáticos de detección de incendios.

Iniciadores y anunciadores: Diferentes tipos

El diseño de un sistema de contra incendio está integrado por una serie de elementos los cuales son:

Sistemas de detección y alarmas

Los cuales pueden ser de diferentes tipos:

Detectores de Calor

Existen de varios mecanismos de operación, pero básicamente son de dos tipos: Temperatura Fija y Rata de Incremento, aunque también los hay combinados. Los de temperatura fija se activan cuando la temperatura ambiente alcanza un nivel predeterminado. Los de Rata de incremento se activan cuando la temperatura ambiente está aumentando a determinada velocidad, así no haya alcanzado un valor alto.

Detectores Térmicos

Son del tipo termovelocimétrico de temperatura fija.

Detectores de Triple Tecnología

Es un detector de bajo perfil, analógico, inteligente y direccionable, que debe estar basado en un microprocesador con la combinación de tres sensores fotoeléctricos, iónico y térmico, para bóvedas y cuartos de data, de teléfonos.

Detectores para Ductos

Estos se instalan en el ducto de suministro de todas las unidades de manejo de aire y en el ducto de captación de los ventiladores de suministro y presurización.

Recomendaciones para el uso de detectores

- Compruebe una vez al mes cada detector, para esto presione el botón de prueba. Para facilitar esta tarea utilice algún elemento que le permita hacerla desde el suelo (por ejemplo, un palo de escoba)

- Si el detector funciona con pilas, estas deben ser reemplazadas por lo menos una vez al año.

- Incluya a los detectores en el programa de aseo, telarañas y el polvo generalmente pueden causar falsas alarmas.

- Si los detectores están conectados a una central de alarma, se recomienda que exista una terminal de alarma en cada estación de enfermería del piso y, en forma paralela en un punto que tenga atención permanente las 24 horas, por ejemplo el Servicio de Emergencia (Urgencia), Central Telefónica o la Central de Vigilancia si la hubiese.

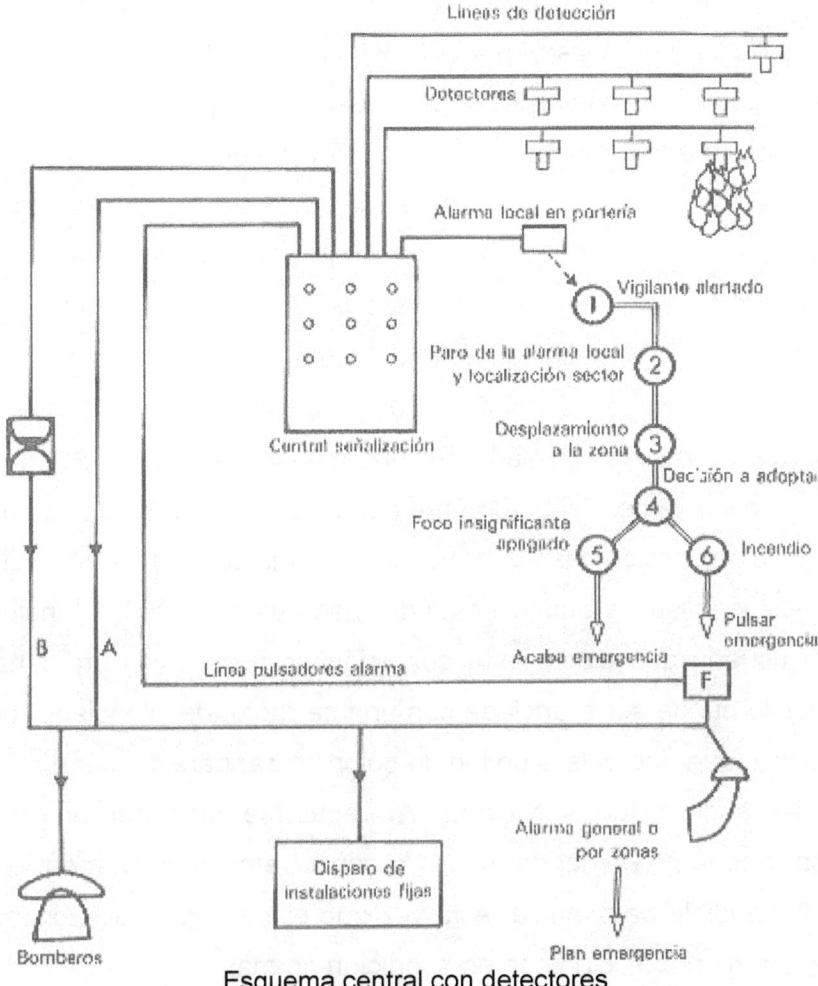

Esquema central con detectores

Difusores de sonido

Son elementos requeridos para la difusión del sonido de alarma general o de señal de evacuación normalizada. Debe ser a prueba de la intemperie y de una potencia suficiente para difundir el sonido de alarma general, en forma clara, es decir que su potencia se sobreponga al nivel medio de ruidos existentes en el ambiente. Han de colocarse a suficiente altura como para que no pueda ser alcanzada por una persona de estatura normal. Se establece como común colocar un difusor de 10 Watts en cada nivel de la edificación en el núcleo principal de la estructura. En caso de ambientes muy ruidosos, se utilizaran amplificadores o difusores de mayor potencia. Los difusores deben actuar en forma independiente, es decir, que la falta de uno de ellos no implique el buen funcionamiento del resto.

Funcionamiento de las centrales de detección:

Al ocurrir un fuego, iniciado por una estación manual o detector automático, la central da una pre-señal de fuego encendiendo un Led de color rojo en el cuadro para indicar la zona afectada. Esta indicación visual y auditiva está diseñada para llamar la atención del usuario que existe esta condición de fuego. Las pre-señal audible puede ser silenciada con un interruptor de silenciador de alarma, que encenderá un led de color Ámbar para indicar que la señal audible fue silenciada. Al repararse la condición que ocasionó la pre-señal de fuego, la central emitirá nuevamente la señal audible para indicar esta vez que el interruptor Silenciador de alarma debe colocarse en condición normal.

Avisadores remotos:

Son puntos de activación de alarma en forma manual, y se emplean en todo sistema de detección de incendio.

Sirenas y anunciadores lumínicos: Sirenas, Carteles lumínicos, Balizas y Luces estroboscópicas de advertencia son empleados como anunciadores de evacuación ante la presencia de una alarmas de incendio.

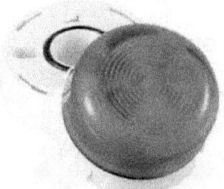

Altoparlantes: Si existe un sistema de altoparlantes, estos deben ser comandados desde un punto que tenga atención las 24 hs, este lugar debe contar además, con algún sistema telefónico o de radio que le permita recibir el aviso de la situación de emergencia. Ante la ocurrencia de siniestro se debe llamar a este lugar, quien por medio del sistema de altoparlantes y utilizando una clave reconocida indique las acciones que se deben tomar. Puede que existan sistemas de parlantes, conectados a un sistema de música ambiental, los que pueden ser utilizados para estos fines. Sin embargo, éstos no se deberán utilizar si los parlantes cuentan con control de volumen independiente, ya que serán los usuarios quienes decidirán si escuchan o no la música y por ende la alarma que por este medio se emita.

Detectores de humo: Fotoeléctricos e iónicos

Detectores de humo:

Son dispositivos electrónicos, los cuales poseen internamente un contacto que se activa, cuando penetra humo en su cámara de detección. Se conectan al tablero de alarmas, al que envían la señal y del cual toman la energía necesaria para su funcionamiento.

Detectores de humo llamados "residenciales":

Los cuales no se conectan a ningún cuadro. Poseen una pequeña batería de la cual toman energía y sólo dan alarma en el sitio donde están instalados. Como su nombre lo indica, son de alta preferencia en residencias.

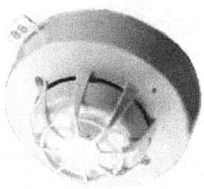

Detectores Fotoeléctricos:

Son los detectores de humo fotoeléctricos que operan bajo el principio de dispersión de la **luz**.

Detectores Iónicos:

Estos detectores cuentan con una cámara doble que detectan los productos y/o partículas producidas por la combustión incipiente, visible o invisible.

Pruebas a los sistemas de alarmas contra incendios

Pruebas-ensayos: Pruebas que se efectúan en los equipos o sus componentes con el fin de verificar Su normal funcionamiento.

Importante:

- Conocer el funcionamiento del equipo.
- Conocer su programación, si la hubiera.
- Consultar el manual del fabricante.
- Poner en aviso de la realización de la prueba.
- Realizarla en momentos de menor gente y operatividad del sector.

Para conseguir un buen control del plan de mantenimiento se puede recurrir al uso de unas fichas de datos sobre los medios materiales disponibles en las que consten la referencia del plano de ubicación, la zona, el código de la instalación o elemento controlado, sus características, la empresa responsable del mantenimiento, periodicidad mínima de revisión, fecha de la última revisión, fecha de caducidad (si procede) y observaciones. Estos datos pueden ser informatizados de manera que, al establecerse una consulta mensual sistematizada, aparezca en el listado de ordenador la actualidad de cada elemento controlado, pudiendo saberse el número total de las revisiones a realizar en ese mes, así como las sustituciones precisas y las observaciones sobre el estado de conservación u otras incidencias. Independientemente de las operaciones anuales y quinquenales reglamentadas a realizar por el fabricante, instalador del equipo o sistema o por una empresa mantenedora autorizada, están las otras operaciones trimestrales y semestrales que pueden llevarse a

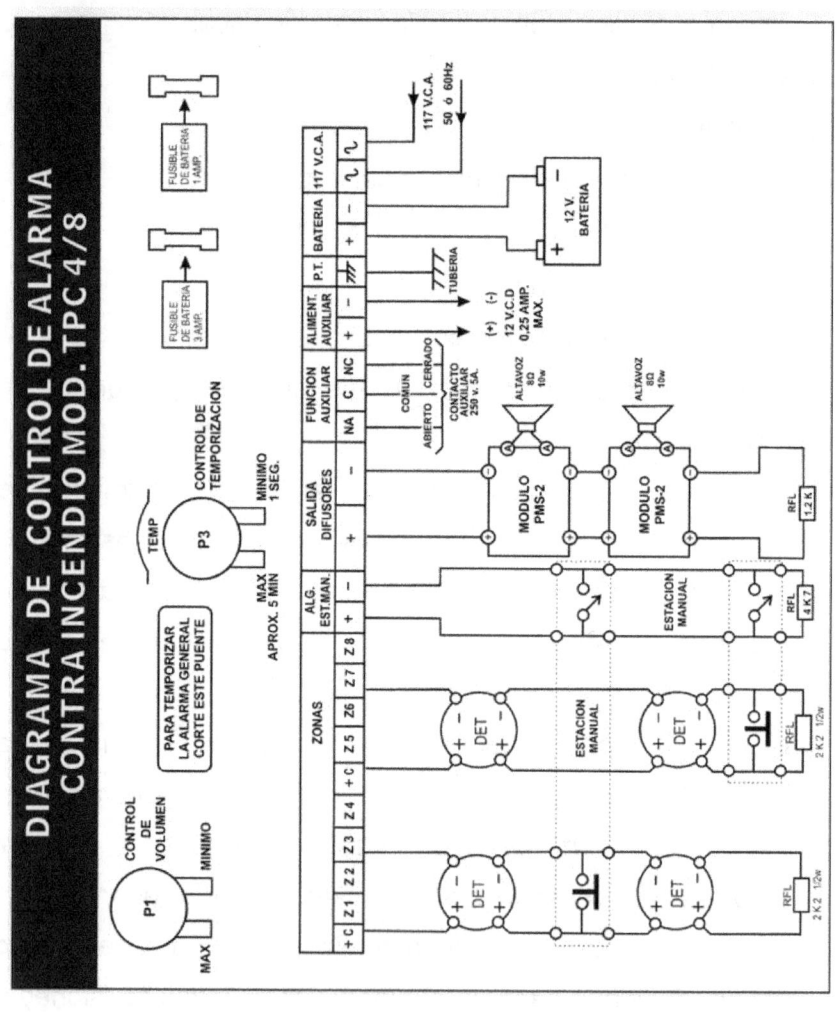

cabo por empresa mantenedora autorizada o por el usuario de la instalación. Los equipos siempre tienen un Manual de operaciones y ensayos. Al cual se debe consultar.

En este caso a través del gráfico se realizará una prueba-ensayo teórica de la central de alarmas. TPC 4/8.

Prueba de operación del equipo

Para verificar el funcionamiento de la central de detección de incendios conecte el equipo como se muestra en el gráfico.

- Conecte una resistencia de 2.2 Khon, entre los terminales +C y Z1, Z2, Z3... de cada "Zona" de protección (1, 2, 3, 4).
- Conecte una resistencia de 4.7 Khon, entre los terminales + - de "ALG. EST. MAN".
- Conecte un parlante o difusor, utilizando un módulo de supervisión modelo: PMS-2, respetando las polaridades marcada entre la central y el supervisor, conectando el difusor al PMS-2, además cierre el circuito PMS-2 con una resistencia de 1.2 Khon como lo indica el gráfico de la última página.
- Conecte una resistencia de 1.5 Khon, entre los bornes + - de conexión de "BATERIA".
- Por último conecte la tensión de red a los puntos de conexión marcados 110 C.A.

Al concluir este último punto el procesador deberá encender los indicadores ópticos luminosos de:

Emisor

También deberá reportar mediante el sonido de preseñal la avería de emisor. Esta avería de emisor debe desaparecer a los pocos segundos de haber conectado el procesador.

Al final presione el pulsador "Silenciador" desapareciendo así el sonido de preseñal. Inmediatamente la central de alarma debe normalizarse en su funcionamiento permaneciendo encendidos solamente los indicadores ópticos luminosos:

Central normal

Si la condición anterior está presente el equipo puede ser sometido a la verificación siguiente, en caso contrario compruebe todas las conexiones mencionadas anteriormente.

Estos equipos son exhaustivamente comprobados en fábrica, por esta razón es poco probable que se presenten fallas iniciales en su funcionamiento, así que lo más probable en caso de dificultades es que se tenga un defecto de conexión en vez de una avería del equipo. En caso de daño del procesador repórtelo al centro de servicio.

Proceso de verificación de funcionamiento

Verificación de averías en zonas

Desconecte la resistencia de 2.2 Kohm instalada a los terminales de conexión de la ZONA 1 de protección, al realizar esta desconexión debe encenderse el indicador óptico luminoso (Led Ámbar) de avería en zona 1. También deberá producirse el sonido de "Preseñal", silencie el sonido presionando el pulsador "Silenciador".

Reponga la resistencia a su condición original y nuevamente silencie la preseñal mediante el pulsador "Silenciador".

Repita la misma prueba para cada una de las otras zonas del procesador de alarmas (Z1, Z2, Z3, Z4)

Verificación de alarma en zona:

Establezca un corto circuito entre los extremos de la resistencia de 2.2 k.o. Conectada a los terminales de la zona 1 de detección. Este corto circuito debe hacer que se ilumine el indicador óptico luminoso (Led Rojo) de ALARMA ZONA 1, ubicado en el frente del panel del equipo, correspondiente a la zona de protección N1, también como efecto de la activación de la zona en alarma se activa la preseñal. Dependiendo del tipo de programación que se haya dado a la central es posible que se active o no la alarma general, tales casos serán analizados en el apartado "ALARMA GENERAL". Para reponer el procesador a su condición de normalidad, presione momentáneamente "Desconexión de la Central", procediendo a silenciar la preseñal mediante el pulsador "Silenciador". Repita la prueba anterior para cada una de las ZONAS de protección contra incendio.

Verificación de avería en estación manual:

Desconecte por uno de sus extremos la resistencia de 4.7 kohm, previamente conectada a los terminales de "ALG. EST. MAN" + - al realizar esta desconexión debe encenderse el indicador óptico luminoso (Led Ámbar) de AVERÍA EN ESTACIÓN MANUAL. También deberá producirse el sonido de "preseñal", silencie el sonido presionando el pulsador "Silenciador". Reponga la resistencia a su condición original y nuevamente silencie la preseñal mediante el pulsador "Silenciador".

Verificación de alarma desde estación manual:
Establezca un corto circuito entre los extremos de la resistencia de 4.7 kohm, conectada a los terminales de "ALG. EST. MAN". Este cortocircuito debe hacer que se ilumine el indicador óptico luminoso (Led Rojo) de ALARMA GENERAL, ubicado en el frente del panel del equipo, también como efecto de la activación del circuito de "ESTACION MANUAL" se activa la preseñal. Para reponer el procesador a su condición de normalidad, elimine el cortocircuito previamente establecido y gire la llave/ interruptor de "Desconexión de la Central", a su posición horizontal retornándola nuevamente a su posición vertical normalizado así el funcionamiento del equipo procediendo a silenciar la preseñal presionando el pulsador "Silenciador"

Verificación de avería en difusor:
Desconecte el difusor previamente conectado entre los terminales SS del supervisor PMS-2 previamente conectado, al realizar esta desconexión debe encenderse el indicador óptico luminoso (Led Ámbar) de AVERIA EN DIFUSOR también deberá producirse el sonido de "Preseñal", silencie el sonido presionando el pulsador "Silenciador". Reponga el difusor a su condición original y nuevamente silencie la preseñal mediante el pulsador "SILENCIADOR".

Verificación de avería en emisor:

Para verificar el buen funcionamiento del circuito de supervisión de EMISOR basta con presionar el pulsador incluido en el micrófono de comunicación verbal del equipo, esta presión debe ser mantenida unos segundos mientras se produce la verificación mencionada, al soltar el pulsador se apagará el indicador óptico luminoso de avería en EMISOR y se normalizará la central de incendio presionando el pulsador "silenciador" de preseñal.

Verificación de avería en batería:

La forma de verificar la avería en batería es desconectar la resistencia de 1.5 kohm, instalada previamente entre los terminales de conexión de "BATERIA". Inmediatamente se iluminará el indicador óptico luminoso (Led ámbar) de avería en batería. También deberá producirse el sonido de "Preseñal", silencie el sonido presionando el pulsador "Silenciador".

Reponga la resistencia a su condición original y nuevamente silencie la preseñal mediante el pulsador "Silenciador".

Verificación de avería puesta a tierra:

La avería puesta a tierra se presentará cuando alguno de los conductores del cableado del sistema de seguridad este rozando o en contacto eléctrico con cualquier potencial de tensión extraña. La conexión puesta a tierra, indicada P.T. en el circuito impreso, debe ser unida a un aterramiento efectivo del inmueble protegido mientras dure la prueba en cuestión, (por ejemplo una tubería de agua) que pueda realizar eficientemente el trabajo mencionado. Para verificar la función de avería "PUESTA A TIERRA", conecte un pequeño trozo de conductor en el Terminal de conexión llamado P. T, realice un puente eléctrico entre este Terminal y el marcado + de BATERIA. Durante el tiempo que perdure el puente, deberá mantenerse encendido el indicador óptico luminoso (Led Ámbar) de "PUESTA A TIERRA", también se emitirá el sonido de preseñal que desaparecerá al presionar el pulsador "SILENCIADOR" ubicado en el panel frontal del equipo. El indicador óptico luminoso solo se apagará al normalizar la función puesta a tierra nuevamente, desconectando el puente entre los puntos antes mencionados.

Verificación de funcionamiento de los controles de operación de la central de detección de incendios:
En primer lugar observemos el panel frontal del procesador central de detección de incendios:
Notamos en el área demarcada por el rectángulo, cuyo título es "CONTROLES DE OPERACIÓN".

- Llave / Interruptor de CONEXIÓN / DESCONEXION de la central.
- Llave / Interruptor del " ACTIVADOR DE ALARMA GENERAL"
- "SILENCIADOR" pulsador de preseñal.
- "ENTRADA DE MICROFONO"

Llave / interruptor de conexión / desconexión de las centrales de detección de incendios:

Al hacer girar y retornar a su posición original la llave / Interruptor de conexión / desconexión se restablecen todas las funciones a su condición de normalidad incluyendo los detectores conectados al circuito de protección, desapareciendo toda indicación de alarma. También se normaliza en este caso el circuito de salida de sonido de alarma general cuando se encuentre activado.

Llave / interruptor activador de alarma general:

Llave / INTERRUPTOR de alarma general, gire la llave desde su posición original hacia la derecha retornándola a su posición original inmediatamente. En ese mismo momento comenzará a producirse el sonido de alarma general por los difusores del sistema de seguridad. Para normalizar el procesador haga usted uso del pulsador de CONEXIÓN / DESCONEXION del procesador de alarmas. ATENCION: Si se gira la llave / Interruptor de "Alarma General" hacia la derecha y no se repone a la ubicación original, la alarma general no podrá ser silenciada desconectando la central para reponerla a su condición de normalidad.

Posibilidades de activación de alarma general:

- Activación de alarma general desde la LLAVE/ INTERRUPTOR "Activador de Alarma General", proceso descrito en el párrafo anterior.

53

- Activación de alarma general desde ESTACION MANUAL, en esta modalidad se activa la alarma desde el circuito de llave o plug de cada estación manual instalada en el sistema. Al girar la llave y reponerla a su posición original se produce la activación antes mencionada.

- Alarma general directa: esta opción permite generar una activación del circuito de alarma directamente por la señal enviada por los detectores de incendio la cual pueda presentarse en dos modalidades:

Alarma general directa con activación inmediata

En esta modalidad de activación cuando un detector de incendio es disparado, inmediatamente se produce el sonido de alarma general, para poder programar la central de detección en esta opción es necesario cortar el puente eléctrico que se encuentra en la parte superior del potenciómetro P3 de programación que se encuentra en el TEMPORIZADOR ubicado en la parte central del circuito impreso de la central de incendios, según lo muestra gráfico de la última página. Por último es necesario girar el potenciómetro P3 totalmente hacia la derecha para obtener el disparo directo deseado.

Las Centrales funcionan en su operación de prueba-ensayo de manera similar, variando según su fabricante, su expansión de sensores alarmas, y extintores y su potencia.

Central de alarmas y sus componentes

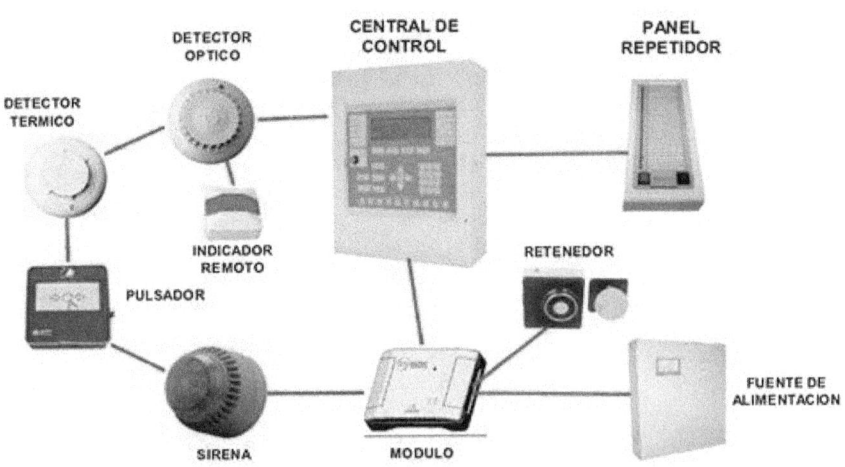

Señales

55

AUTOEVALUACIÓN

Centrales de alarmas de incendios: Sistemas convencionales e inteligentes: Definición. Sistemas hidráulicos: Interconexión con un sistema de alarmas. Iniciadores y anunciadores: Diferentes tipos. Detectores de humo: Fotoeléctricos e iónicos. Pruebas a los sistemas de alarmas contra incendios.

---

1. La Nota Técnica de Prevención, referente a incendios, alarmas; es la N°:
    a) 30
    b) 25
    c) 41
    d) 52
    e) 85

2. Para locales pequeños la transmisión de alarma puede hacerse por:
    a) Silbidos
    b) Aplausos
    c) Ruidos
    d) Voces
    e) Ninguna es correcta

3. El sistema de alarma manual funciona:
    a) Automáticamente
    b) Espontáneamente
    c) Casualmente
    d) Manualmente
    e) Imprevistamente

4. ¿Qué tipos de instalaciones para el combate de incendios existen?
    a) Aéreas y terrestres
    b) Fijas y móviles
    c) Verticales y horizontales
    d) Lineales y circulares
    e) Aritméticas y logarítmicas

5. ¿Para qué tipo de incendios son útiles los extintores?
a) Incendios de gran magnitud
b) Incendios incontrolables
c) Prevención de incendios
d) Pequeños incendios
e) Ninguna es correcta

6. Un extintor de 10 Kg. De polvo químico seco se descarga ¿en cuánto tiempo?
a) 1 hora
b) ½ hora
c) 10 minutos
d) 5 minutos
e) 1 minuto

7. Señalar los tipos de extintores según su letra identificadora y tipos de fuego:
a) W X Y
b) I II III
c) R S T
d) A B C
e) 1 2 3

8. Señalar el extintor de multipropósito, para todo tipo de fuego:
a) De grano químico seco
b) De fluido químico seco
c) De polvo mecánico seco
d) De polvo eléctrico seco
e) De polvo químico húmedo

9. Un sistema automático de detección de incendios, tiene conectado cada sensor a:
a) La central de policía
b) La central de bomberos
c) La central de alarmas
d) La oficina de mantenimiento
e) Ninguna es correcta

10. Qué define el siguiente enunciado: Son una red de tuberías, fijadas a los elementos constructivos del edificio, con tomas de agua para mangueras:
a) Sistema eléctrico
b) Sistema neumáticos
c) Sistema químico
d) Sistema hidráulico
e) Sistema mecánico

11. Cuando están vacías, las mangueras flexibles, se:
a) Estiran
b) Encogen
c) Dilatan
d) Aplanan
e) Comprimen

12. ¿En dónde se pueden enrollar las mangueras?
a) En cuartos
b) En carretes
c) En columnas
d) En ninguna parte
e) Ninguna es correcta

13. ¿Cómo se denominan las instalaciones hidráulicas fijas que utilizan los bomberos?
a) Redes fijas
b) Redes móviles
c) Redes secas
d) Redes subterráneas
e) Redes de tuberías

14. ¿Qué elemento importante utilizan los sistemas hidráulicos automatizados?
a) Vaciadores
b) Inversores
c) Cargadores
d) Miradores
e) Rociadores

15. Los iniciadores pueden detectar:
a) El humo
b) El calor
c) El frío
d) Humedad
e) a y b son correctas

16. Los detectores de humo pueden ser:
a) Iónicos
b) Solares
c) Químicos
d) Rústicos
e) Ninguna es correcta

17. Los elementos que dan la alarma general y son auditivos se denominan:
a) Difusores de voces
b) Difusores de audio
c) Difusores ópticos
d) Difusores de sonido
e) Difusores táctiles

18. ¿Cuál es el máximo de potencia recomendado por cada nivel de la edificación de los difusores de sonidos?
a) 100 watts
b) 10 watts
c) 5 watts
d) 1000 watts
e) Ninguna es correcta

19. Qué define el siguiente enunciado: Son puntos de activación de alarma en forma manual, y se emplean en todo sistema de detección de incendio.
a) Avisadores aéreos
b) Avisadores portátiles
c) Avisadores remotos
d) Avisadores cónicos
e) Todas son correctas

20. Los avisadores que utilizan luces se denominan:
a) Anunciadores fluorescentes
b) Anunciadores solares
c) Anunciadores opcionales
d) Anunciadores lumínicos
e) Anunciadores eléctricos

21. Los detectores fotoeléctricos se activan mediante el principio de dispersión de:
a) La sombra
b) La humedad
c) El calor
d) El frío
e) La luz

22. ¿Qué detectan los detectores iónicos?
a) Partículas de combustión
b) Electrones ionizados
c) Partículas de hidrógeno
d) Partículas moleculares
e) Ninguna es correcta

23. Los altoparlantes serán utilizados para indicar:
a) Donde están los bomberos
b) Si llegaron los bomberos
c) Donde están los extintores
d) Las acciones a tomar
e) La ubicación de la central de alarmas

24. En la central de alarmas el aviso de alarma se indicara con un led de color:
a) Verde
b) Azul
c) Amarillo
d) Rojo
e) Blanco

25. ¿Qué se debe consultar para un mejor manejo de la pruebe-ensayo de los equipos de alarmas?

a) El libro de mantenimiento
b) El manual del fabricante
c) La garantía del equipo
d) Todas son correctas
e) Ninguna es correcta

SOLUCIONARIO

1. c) 41
2. d) Voces
3. d) Manualmente
4. b) Fijas y móviles
5. d) Pequeños incendios
6. e) 1 minuto
7. d) A B C
8. c) De polvo mecánico seco
9. c) La central de alarmas
10. d) Sistema hidráulico
11. d) Aplanan
12. b) En carretes
13. c) Redes secas
14. e) Rociadores
15. e) a y b son correctas
16. a) Iónicos
17. d) Difusores de sonido
18. b) 10 watts
19. c) Avisadores remotos
20. d) Anunciadores lumínicos
21. e) La luz
22. a) Partículas de combustión
23. d) Las acciones a tomar
24. d) Rojo
25. b) El manual del fabricante

64

Instalaciones eléctricas de enlace y centros de transformación: Redes eléctricas de distribución. Centro de transformación. Instalaciones de enlace, partes y elementos que las constituyen. Tarifación eléctrica. Transmisión de información en los sistemas eléctricos, área de aplicación.

Instalaciones eléctricas de enlace y centros de transformación. Redes eléctricas de distribución

A. Introducción

Generación y transporte de electricidad es el conjunto de instalaciones que se utilizan para transformar otros tipos de energía en electricidad y transportarla hasta los lugares donde se consume. La generación y transporte de energía en forma de electricidad tiene importantes ventajas económicas debido al costo por unidad generada. Las instalaciones eléctricas también permiten utilizar la energía hidroeléctrica a mucha distancia del lugar donde se genera. Estas instalaciones suelen utilizar corriente alterna, ya que es fácil reducir o elevar el voltaje con transformadores. De esta manera, cada parte del sistema puede funcionar con el voltaje apropiado. Las instalaciones eléctricas tienen seis elementos principales:

- La central eléctrica
- Los transformadores, que elevan el voltaje de la energía eléctrica generada a las altas tensiones utilizadas en las líneas de transporte
- Las líneas de transporte
- Las subestaciones donde la señal baja su voltaje para adecuarse a las líneas de distribución
- Las líneas de distribución
- Los transformadores que bajan el voltaje al valor utilizado por los consumidores.

En una instalación normal, los generadores de la central eléctrica suministran voltajes de 26.000 voltios; voltajes superiores no son adecuados por las dificultades que presenta su aislamiento y por el riesgo de cortocircuitos y sus consecuencias. Este voltaje se eleva mediante transformadores a tensiones entre 138.000 y 765.000 voltios para la línea de transporte primaria (cuanto más alta es la tensión en la línea, menor es la corriente y menores son las pérdidas, ya que éstas son proporcionales al cuadrado de la intensidad de corriente). En la subestación, el voltaje se transforma en tensiones entre 69.000 y 138.000 voltios para que sea posible transferir la electricidad al sistema de distribución. La tensión se baja de nuevo con transformadores en cada punto de distribución. La industria pesada suele trabajar a 33.000 voltios (33 kilovoltios), y los trenes eléctricos requieren de 15 a 25 kilovoltios. Para su suministro a los consumidores se baja más la tensión: la industria suele trabajar a tensiones entre 380 y 415 voltios, y las viviendas reciben entre 220 y 240 voltios en algunos países y entre 110 y 125 en otros. En una central hidroeléctrica, el agua que cae de una presa hace girar turbinas que impulsan generadores eléctricos. La electricidad se transporta a una estación de transmisión, donde un transformador convierte la corriente de baja tensión en una corriente de alta tensión. La electricidad se transporta por cables de alta tensión a las estaciones de distribución, donde se reduce la tensión mediante transformadores hasta niveles adecuados para los usuarios.

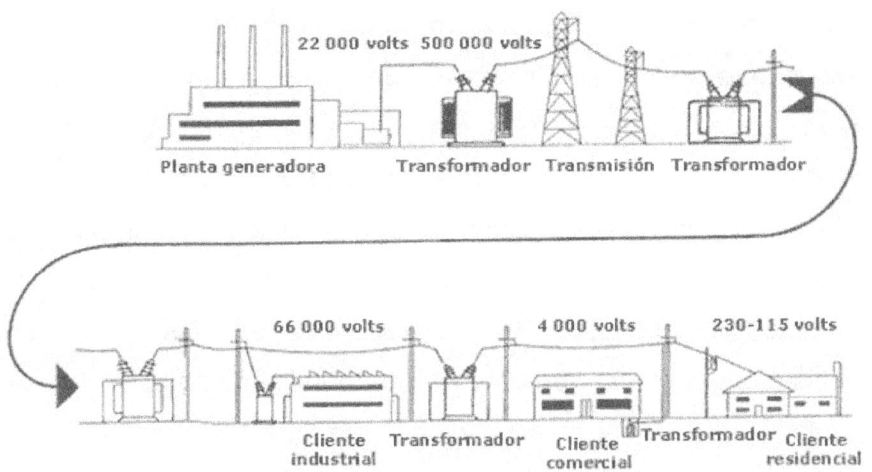

22 000 volts 500 000 volts

Planta generadora   Transformador   Transmisión   Transformador

66 000 volts   4 000 volts   230-115 volts

Cliente   Transformador   Cliente   Transformador   Cliente
industrial   comercial   residencial

Esquema de Distribución eléctrica desde la planta generadora

Las líneas primarias pueden transmitir electricidad con tensiones de hasta 500.000 voltios o más. Las líneas secundarias que van a las viviendas tienen tensiones de 220 o 110 voltios. El desarrollo actual de los rectificadores de estado sólido para alta tensión hace posible una conversión económica de alta tensión de corriente alterna a alta tensión de corriente continua para la distribución de electricidad. Esto evita las pérdidas inductivas y capacitivas que se producen en la transmisión de corriente alterna. La estación central de una instalación eléctrica consta de una máquina motriz, como una turbina de combustión, que mueve un generador eléctrico. La mayor parte de la energía eléctrica del mundo se genera en centrales térmicas alimentadas con carbón, aceite, energía nuclear o gas; una pequeña parte se genera en centrales hidroeléctricas, diésel o provistas de otros sistemas de combustión interna.

Los sistemas eléctricos de producción

Transporte, distribución y alimentación a los receptores (consumidores) de energía eléctrica, funcionan prácticamente siempre en corriente alterna trifásica. En Europa y otros países a 50 Hz y en Norteamérica y otros países de su ámbito tecnológico, a 60 Hz. Estas son las que se denominan «frecuencia industrial». En lo sucesivo, en este texto, se considerará siempre corriente alterna trifásica de 50 Hz.

De la fórmula de la potencia en corriente alterna trifásica:

$$S = 3.U.I$$

se desprende que para cualquier potencia que se considere, la intensidad y la tensión están en relación inversa. En el aspecto técnico, existen límites en el valor de la corriente a circular por los conductores, a conectar y desconectar con los aparatos de maniobra a controlar por los transformadores de medida, etc. Por tanto a medida que entran en consideración potencias más elevadas, se hace necesario utilizar también tensiones cada vez mayores, a fin de poder mantener la corriente dentro de unos límites técnica y económicamente admisibles.

B. Tensiones. Tipos

Las tensiones clasifican en:

- Baja Tensión (BT): hasta 1000 V valor eficaz en corriente alterna, y 1500 V en corriente continua.
- Alta Tensión (AT): a partir de 1001 V en corriente alterna.

Por otra parte, en la práctica usual de las empresas generadoras y distribuidoras de energía eléctrica, se utilizan los términos siguientes:

- Media Tensión (MT) 1 kV < U ≤ 50 kV
- Alta Tensión (AT) 50 kV U ≤ 300 kV
- Muy Alta Tensión (MAT) 300 kV < U < 800 kV

La Media Tensión (MT) se utiliza para las líneas de distribución y la Baja Tensión (BT) se utiliza para la alimentación de los receptores, con alguna excepción, por ejemplo motores de potencia elevada que se alimentan directamente en MT en su gama baja (1,5 kV a 11 kV, preferentemente 3 - 5 - 6 kV), siempre con el mismo objetivo de mantener el valor de la intensidad dentro de ciertos límites. Por tanto, deben existir unos puntos donde se transforme la MT en BT. Éstos se llaman Centros de Transformación, en adelante CT en este texto, y son el objeto de este estudio.

C. Transformadores. Tipos

a) Transformadores de medida. Conceptos generales

Los transformadores de medida son equipos eléctricos que transforman magnitudes eléctricas primarias (intensidades y tensiones) en otras secundarias del mismo tipo, apropiadas para los aparatos conectados (instrumentos de medida, contadores, relés de protección, registradores, etc.).

-Arrollamiento Primario: Es al que se le aplica la intensidad o tensión a medir.

-Arrollamiento Secundario: Es al que se conectan los instrumentos de medida, contadores, etc.

-Clase: Es la designación breve aplicable a valores límite, dentro de los cuales deben quedar los errores de medida, cuando ésta se efectúa bajo las condiciones previstas (p. Ej., clase 0,5; 1).

-Carga nominal: Es la relativa a transformadores de intensidad o tensión, a la que se refieren las determinaciones sobre límites de error para un factor de potencia = 0,8.

-Potencia nominal: En los transformadores de intensidad es el producto resultante de multiplicar la carga nominal por el cuadrado de la intensidad nominal por el secundario, y en los de tensión, el producto resultante de multiplicar la carga nominal por el cuadrado de la tensión nominal en el secundario. La potencia nominal se indica en VA en la placa de característica.

-Relación de transformación nominal Kn: En el caso de los transformadores de intensidad es I1n/I2n, y en los de tensión U1n/U2n. Ejemplo 100/5 A; 6000/100 V.

b) Transformadores de intensidad

Son transformadores da baja potencia, cuyos primarios están intercalados en la línea, mientras que los arrollamientos secundarios quedan prácticamente en cortocircuito a través de los equipos de medida, contadores, relés, etc. conectados. Estos transformadores separan los circuitos de medida y protección de la tensión del primario.

Los correspondientes a MT, normalmente cuentan con varios arrollamientos secundarios con núcleos totalmente separados magnéticamente con las mismas o diferentes curvas de características. Pueden, por ejemplo, disponer de dos núcleos de medida de diferente precisión o ser ejecutados también con núcleos de medida y protección con distintos factores nominales de sobreintensidad.

- Las intensidades secundarias normalizadas son 1 y 5 A.
- La intensidad nominal térmica permanente es 1,2 veces la nominal.
- La intensidad nominal térmica de breve duración Ith primario de 1 segundo de duración, estando el secundario cortocircuito. (Valor eficaz en kA).
- La intensidad dinámica nominal Idyn: es el valor de la amplitud de la primera onda de la intensidad, cuyos efectos mecánicos pueden ser soportados por un transformador de intensidad con el arrollamiento secundario en cortocircuito, sin sufrir daños. (Valor de pico en kA).

Referente a la Clase, los devanados para fines de medida (se identifican con la letra M), la clase indica el Limite del error porcentual de la intensidad para la intensidad nominal; los devanados para fines de protección (se identifican con la letra P) el límite porcentual de error total para la intensidad limite nominal de error en el primario.

Transformador en baño de aceite

Factor de sobreintensidad nominal: Es un número establecido por el que debe multiplicarse la intensidad nominal del primario para obtener la intensidad nominal límite de error.

El error de intensidad Fi de un transformador de intensidad:
Fi= 100*(I2*Kn-I1)/I1 en %   Fi= Error de intensidad en %;
I1= Intensidad primaria en A;
I2=Intensidad secundaria en A;
Kn Relación de transformación nominal.

El error de desfasaje (δi): Es la diferencia de fases entre la intensidad del secundario y la del primario, los sentidos de partida se establecen tal que en caso de ausencia de errores en el transformador resulte una diferencia de 0°. El error de desfasaje (δi) se indica en minutos y se considera positivo cuando la magnitud secundaria anteceda a la primaria.

Error total: Es el error del equipo para una intensidad nominal límite de error y para la carga nominal de -15%. Error en caso de sobreintensidad. Los núcleos de medida y los núcleos de protección se comportan de distintas manera en caso de sobreintensidad. Para la conexión de equipos de medida, se desea protegerlos contra sobrecargas. En cambio para la conexión de relés de protección, los transformadores deben presentar solo errores de transformación limitados, incluso en casos de sobreintensidades. Para la intensidad nominal límite de error en el primario y para la carga nominal, el error toral será -5% (5P) y -10%(10P).

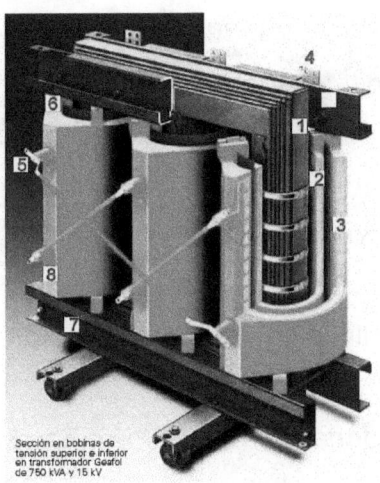

Transformador seco

c) Transformadores de tensión

Son transformadores de pequeña potencia que trabajan prácticamente en vacío., Aíslan la tensión nominal del primario de los circuitos conectados de medida y protección y transforman la tensión a medir en tensiones secundarias aptas para su medida, manteniendo la fidelidad de sus valores absolutos y desfasajes. Cada transformador de tensión tiene un arrollamiento primario y uno secundario. Para ciertas aplicaciones pueden tener más de un secundario, pero siempre con un solo núcleo de hierro. Aunque teóricamente podrían ser autotransformadores, para instalaciones de media y alta tensión son utilizados transformadores para lograr aislación galvánica entre los equipos de potencia y los de mando, control y medición. La tensión nominal (primaria o secundaria) es el valor indicado en la placa de características del transformador (valor eficaz). Los valores de tensión nominal primarias utilizadas normalmente son 6, 15, 20, 30,60 kV y los valores secundarios 100 y 110 V, siendo 100V el más utilizado. En transformadores unipolares también son utilizados relaciones sobre $\sqrt{3}$. Ej. 30/ $\sqrt{3}$/0.1/ $\sqrt{3}$.

Factor de tensión nominal: Es un múltiplo de la tensión nominal, al que pueden someterse, considerando su calentamiento, durante un tiempo limitado (1.5 para redes aterradas y 1.9 para redes aisladas).

Relación de transformación nominal Kn: Es la relación existente entre la tensión nominal del primario y la del secundario. Se da en forma de fracción no simplificada, por ejemplo 6000/100 V.

La intensidad limite térmica en el secundario: (valor eficaz en A) es soportada por el arrollamiento secundario, de forma permanente para la tensión nominal en el primario, sin que se sobrepase la temperatura admisible en ninguna de las partes del transformador.

Carga de breve duración: Es el máximo valor admisible de la suma de todas las fuerzas, que actúan simultáneamente sobre un terminal del primario de un transformador de tensión (mecánicas, valor nominal en N). Se compone de la carga de servicio y de las fuerzas electrodinámicas, fuerzas de conexión y desconexión.

Error de tensión Fu: Para una tensión dada en los terminales del primario U1, es la diferencia porcentual entre la tensión en los terminales secundarios U2, multiplicada por la relación de transformación nominal Kn, y la tensión en el primario.

$$Fu = 100*(U2*Kn-U1)/U1 \text{ en } \%$$

Fu = Error de tensión en %;

U2 Tensión en el secundario en V;

U1 = Tensión en el primario en V;

Kn = Relación de transformación nominal.

Error de desfasaje (δu): Es el desfasaje entre U2 y U1 dado en minutos de ángulo. Se considera positivo si la magnitud es en el secundario antecede al primario.

Límite de error de acuerdo con su precisión: Los transformadores de tensión están divididos en clases y que definen los límites de error aplicables.

Potencia nominal de un transformador de tensión: Es la potencia aparente en VA para la tensión nominal en el secundario y la carga nominal.

Centro de transformación

Es la instalación provista de uno a varios transformadores reductores de Media a Baja Tensión, con sus aparatos y obra complementaria precisos.

Clasificación de los CT MT/BT

La clasificación de los CT puede hacerse desde varios puntos de vista.

-Por su ubicación: Atendiendo a su ubicación las NTE clasifican los CT en:

- *Interiores*, cuando el recinto del CT está ubicado dentro de un edificio o nave, por ejemplo en su planta baja, sótano, etc.
- *Exteriores*, cuando el recinto que contiene el CT está fuera de un edificio, o sea no forma parte del mismo. En este caso, pueden ser:
- *De superficie*, por ejemplo una caseta de obra civil o prefabricada, dedicada exclusivamente al CT, edificada sobre la superficie del terreno,
- *Subterráneo*, por ejemplo un recinto excavado debajo de una calle (habitualmente la acera), semienterrado, situación intermedia, una parte que queda debajo de la cota cero del terreno y otra parte que queda por encima de dicha cota cero.

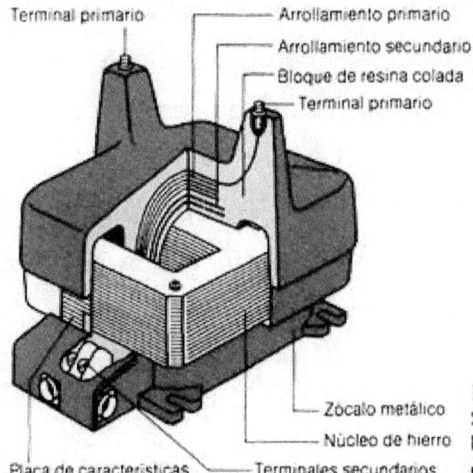

Terminal primario
Arrollamiento primario
Arrollamiento secundario
Bloque de resina colada
Terminal primario

Zócalo metálico
Núcleo de hierro
Placa de características
Terminales secundarios

Figura 1.6/26
Sección de un transformador de tensión
bipolar aislado para tensiones de servicio
de más de 1 kV

-*Por la acometida*: Atendiendo a la acometida de alimentación de la MT, pueden ser:

- Alimentados por línea aérea. En este caso, el edificio del CT debe tener una altura mínima superior a 6m.

- Alimentados por cable subterráneo. Habitualmente éste entra en el recinto del CT por su parte inferior, por ejemplo por medio de una zanja, sótano o entreplanta.

Por su emplazamiento: Según sea el emplazamiento de los aparatos que lo constituyen, los CT pueden clasificarse también en:

- Interiores, cuando los aparatos (transformadores y equipos de MT y BT) están dentro de un recinto cerrado.

- Intemperie cuando los aparatos quedan a la intemperie por ejemplo sobre postes o bien bajo envolventes prefabricadas, o sea transformadores y cabinas construidas para servicio intemperie.

Motivado por el creciente consumo de energía eléctrica (por m2, por habitante, etc.), y por la creciente urbanización del territorio, el tipo de CT cada vez más frecuente, es el de recinto cerrado alimentado con cables subterráneos MT.

Se observa también una creciente utilización del tipo de CT exterior, de superficie, a base de caseta prefabricada de obra civil también con alimentación por cable subterráneo MT.

Alimentación de los CT de AT/MT:

La alimentación, vistas las cosas desde el propio CT puede ser:

- Con un sola línea de llegada de alimentación.
- Con dos líneas de llegada de alimentación, procedentes de la misma estación transformadora AT/MT.

Estas dos alternativas responden a la diferente configuración que puede tener la red de distribución en MT a la que se conecte el CT.

Esquema radial, también denominado en antena:

Su principio de funcionamiento es de una sola vía de alimentación. Esto significa que, cualquier punto de consumo en tal estructura, sólo puede ser alimentado por un único posible camino eléctrico. Es de tipo arborescente: (figura 1). Esta arborescencia se desarrolla a partir de los puntos de alimentación, que constituyen las subestaciones de distribución pública AT/MT o MT/MT. Este esquema se utiliza en particular para la distribución de la MT en el medio rural. En efecto, permite fácilmente y con un coste menor acceder a puntos de consumo de baja densidad de carga (= 10 kVA) y ampliamente repartidos geográficamente (= 100 km2). Un esquema radial suele estar relacionado con una distribución de tipo aéreo.

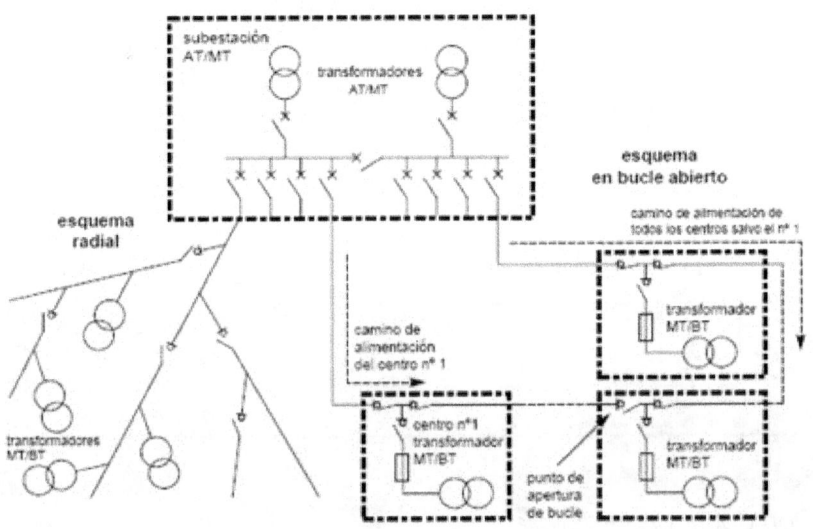

Fig.1: Los dos esquemas de base de una red de distribución de MT: radial (o en antena) y en bucle abierto (o en anillo).

Esquema de bucle abierto o en anillo:

Está representado en la figura 1 y, más específicamente en la figura 2. La línea de distribución en MT que parte de la subestación receptora AT/MT o MT/MT) forma un anillo que va recorriendo los CT de manera que «entra y sale» de cada uno de ellos. Normalmente, este anillo está abierto en un punto (de aquí su denominación de «bucle abierto»). Por ejemplo en la figura 2, es el interruptor «A» del CT-4. En este caso, los CT-1 a CT-4 están alimentados «por la derecha» y los restantes CT-5 a CT-9 lo están «por la izquierda».

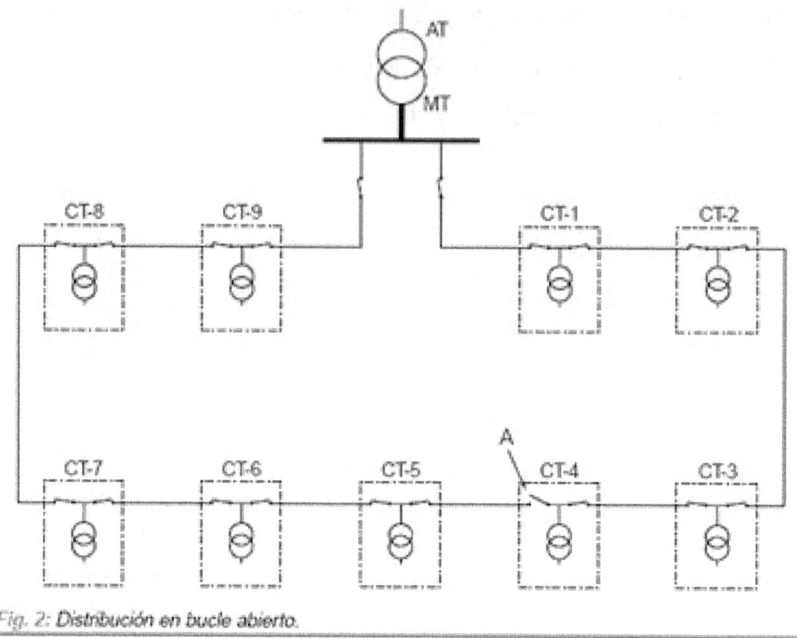

Fig. 2: Distribución en bucle abierto.

Con doble procedencia:

Existe también una tercera alternativa, mucho menos frecuente, consistente en dos líneas de llegada de alimentación procedentes de dos estaciones transformadoras AT/MT diferentes. Se utiliza en aquellos casos en los que la continuidad de servicio es absolutamente primordial. Para ser eficaz, esta alternativa precisa que los dos interruptores correspondientes a las dos líneas de llegada, estén equipados con un dispositivo de conmutación automática. Normalmente, el CT se alimenta por una de las dos líneas, por ejemplo la del circuito A de la figura 3. Caso de fallo de esta alimentación, al automatismo detecta la ausencia de tensión en dicha línea, verifica que hay tensión en la línea del circuito B, y entonces ordena la apertura del interruptor línea A, y el cierre del de línea B.

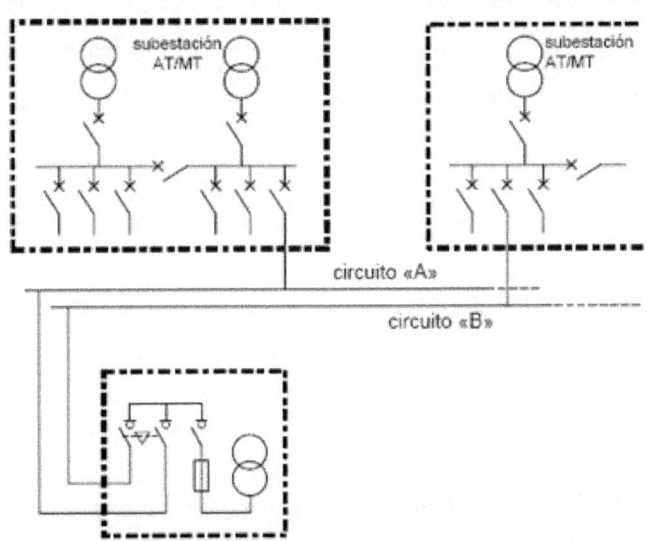

Fig. 3: Esquema de distribución en doble procedencia.

Instalaciones de enlace, partes y elementos que las constituyen. Componentes básicos

Cualquiera que sea el tipo de un CT en cuanto a su alimentación, tarifación, disposición interior, etc., sus componentes básicos son siempre:

- Celdas de línea (entrada o salida) (por lo general llevan los seccionadores).

- Celda de protección (inmediatamente anterior al transformador) (llevan seccionadores e interruptores con fusibles).

- Celda de transformador.

- Embarrado de media tensión. Este debe cumplir una distancia de seguridad entre una línea de embarrado y otra para evitar la atracción de entre ellas produciendo un corto circuito.

83

- Cuadro de baja tensión. Modernamente están compuestos por un módulo superior de medida con transformador de intensidad y transformador de tensión, un módulo de protección y un módulo de conexión.

Celdas

Se denomina celda al conjunto de equipos eléctricos de MT o AT conectados entre sí que cumplen una función. (Salida, Entrada, Protección de Transformador, Medida, etc.).

Se pueden clasificar según el tipo constructivo en:
– A) Mampostería
– B) Prefabricadas o Modulares

Mampostería: Los equipos son instalados (montaje) en obra. Primero es necesario realizar una obra civil, y luego se realiza el montaje de los equipos.

Prefabricadas o Modulares: La celda es suministrada montada en fábrica, las interconexiones entre equipos y cableados no son realizados en obra.

El montaje en las Estaciones y SSEE consisten en la interconexión entre celdas.

Según el tipo de construcción se pueden clasificar en:
– METAL ENCLOSED   Los equipos se encuentran ubicados dentro de un mismo compartimiento metálico.

– METAL CLAD La celda está constituida por 4 compartimentos, donde están ubicados los diferentes equipos. Se pueden dividir 1 de barra, 1 de interruptor, 1 de salida y medida y uno de BT. Pueden ser de uso interior o exterior.

Clasificación según el uso:
– Celdas Metal Clad
– Celda de Transformador
– Celda de E/S Entrada y Salida
– Celda Servicios Auxiliares
– Celda Seccionador de barras
– Celda Salida de barras
– Celda de Medida

Normalmente están compuestas por 4 compartimentos:
– Compartimiento de Maniobra
– Compartimento de Barras
– Compartimento de Cable y TI
– Compartimento de Baja Tensión

Celdas Metal Clad
Las Celdas Metal Clad o también llamadas Tableros de Media Tensión (TMT), son celdas con envolvente metálica de tipo interior, atmósfera en aire o SF6, medio de corte en aire, vacío o SF6. Son utilizados normalmente en construcciones de mampostería o en Puestos Compactos de Transformación.

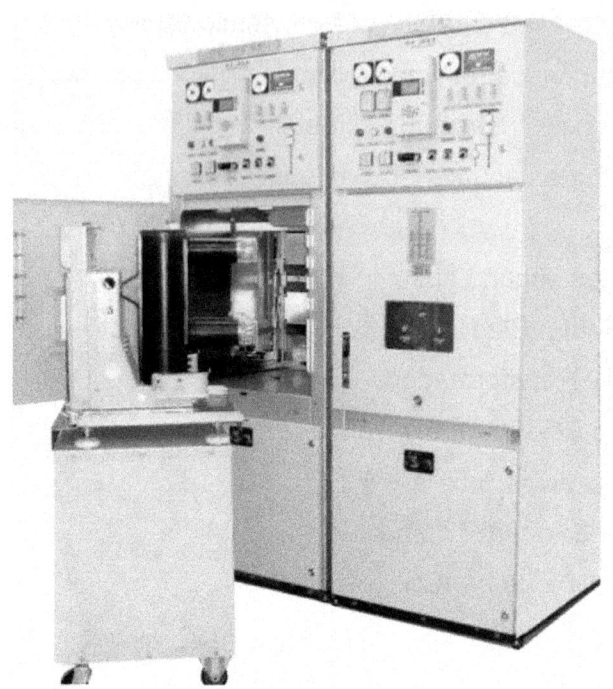

Celdas Metalclad

Celda Metal Enclosed

Las Celdas Metal Enclosed son aptas para su utilización en subestaciones eléctricas de media tensión hasta 36kV, donde no se
requieran compartimentos separados para los diversos
componentes de media tensión. Pueden fabricarse para
instalación interior bajo techo o para instalación a la intemperie.
En caso de altitudes mayores a 1000 msnm el nivel de tensión
nominal y de aislamiento de las Celdas se seleccionan teniendo
en cuenta el factor de derrateo por altitud; de acuerdo con las
normas IEC.

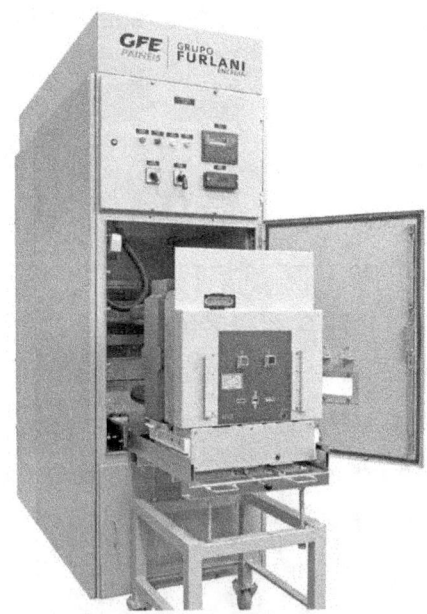

Celda Metal Enclosed

(PUCT) y puestos de conexión.

Se pueden clasificar en 2 tipos:

- Aquellos cuya envolvente metálica es la formada por el adosamiento de celdas prefabricadas, con atmósfera en aire, o SF6, con corte en aire, SF6 o vacío.

- Aquellas cuya envolvente metálica es única, con atmósfera en SF6, corte en SF6 o vacío. Son de dimensiones más reducidas que las anteriores. Por seguridad de operación, deben resistir sin daño o deformación permanente las consecuencias de las sobretensiones de origen interno de maniobra y las corrientes de cortocircuito dentro de los límites previstos.

- Los seccionadores de aislamiento y PAT deben tener corte visible o efectivo con una señalización tipo segura, tal que la indicación mecánica de posición, sea solidaria al eje del elemento de corte.

Embarrado de un CT

Módulo de acoplamiento entre barras. Permite el trabajo independiente de cada una de las barras de la ST con juego de barras dobles o triples, o el acoplamiento entre secciones de barras en el caso de una ST con sistema de barras partidas.

Módulo de barras. Es el nudo donde se realiza la alimentación y el reparto de la energía dentro de un mismo nivel de tensión y contiene los aisladores y barras.

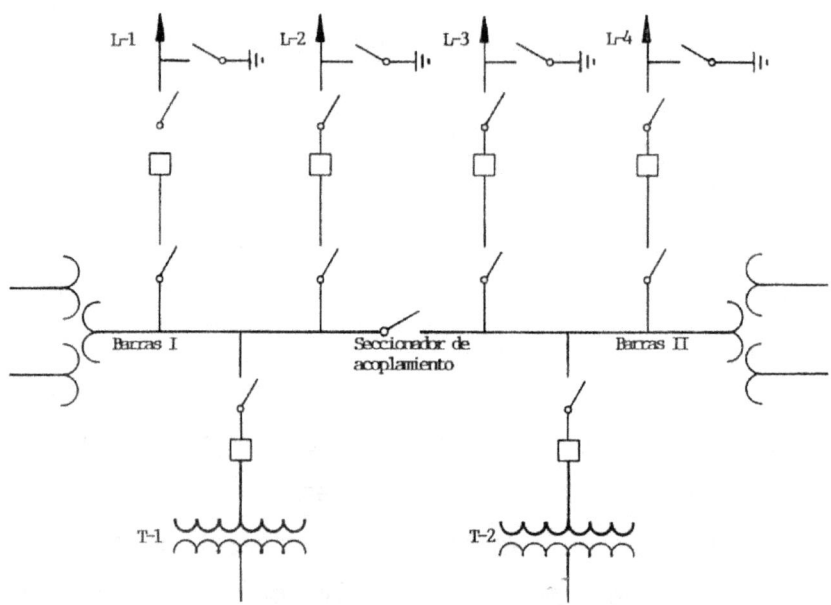

Esquema de embarrado

Aparatos de maniobra en C.T. Naturaleza de los aparatos de corte. Misión

- Adaptar la generación de transporte de energía a la demanda del consumo.

- Efectuar las maniobras necesarias para las revisiones periódicas y el mantenimiento de las instalaciones.

- Efectuar las maniobras de apertura y cierre en la actuación de las protecciones y automatismo.

Clasificación. Seccionadores. Interruptores. Interruptores automáticos o disyuntores

Seccionador

Aparato mecánico de conexión que aseguran, en posición de abierto una distancia de seccionamiento que satisface unas condiciones especificadas. Se puede operar sobre él para abrirlo o cerrarlo cuando el circuito está libre de carga. Pueden ser unipolares, tripolares y tripolares deslizante.

Interruptor

Aparato mecánico de conexión capaz de establecer, soportar e interrumpir intensidades en condiciones normales del circuito, comprendiendo eventualmente condiciones especificadas de sobrecarga en servicio. Puede también establecer, pero no interrumpir, intensidades de cortocircuito. Los más utilizados son los Ormazábal con o sin fusibles y los Isodel también con o sin fusibles.

Interruptor automático o disyuntor

Aparato mecánico de conexión capaz de establecer, soportar e interrumpir corrientes en condiciones normales de circuito, así como establecer, soportar durante un tiempo determinado e interrumpir corrientes en condiciones anómalas especificadas del circuito, tales como las de cortocircuito. Pueden ser de mural, sobre carro o seccionable.

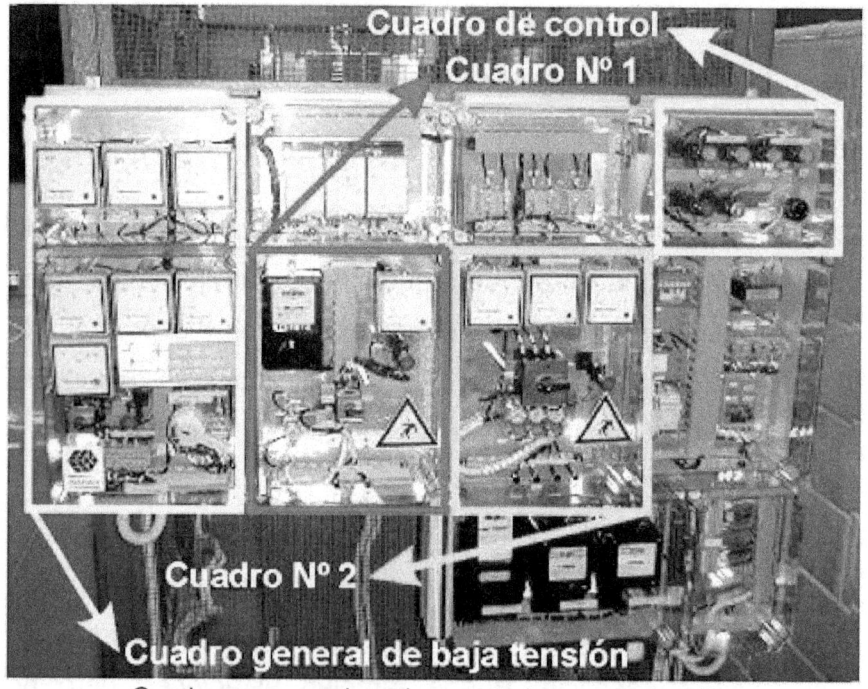

Cuadros con seccionador, contadores y protección

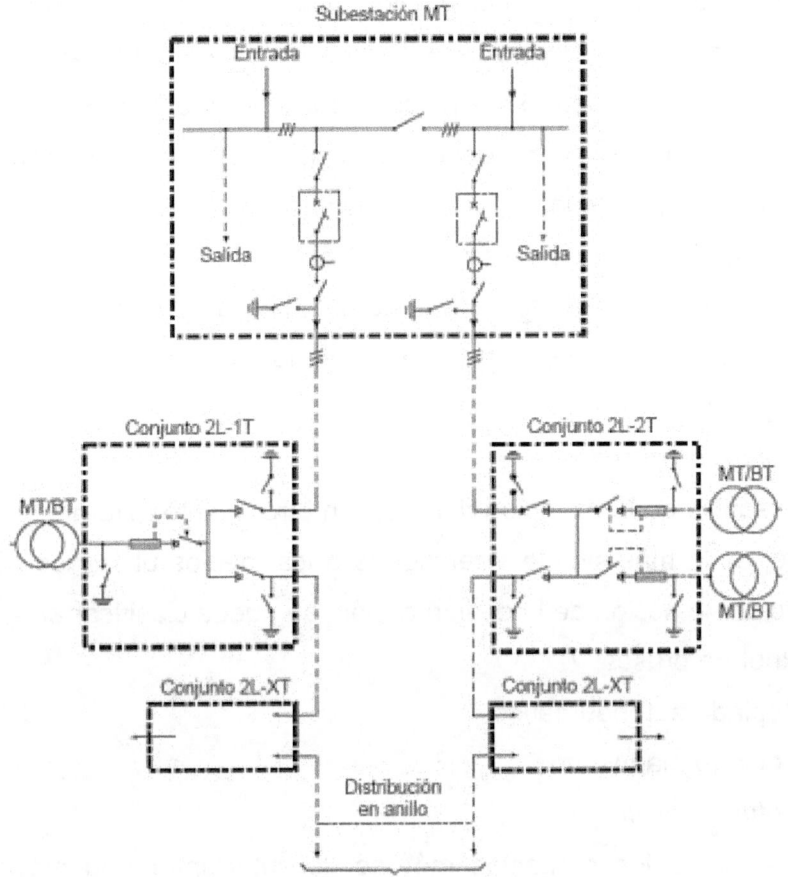

Fig. A1.2: Ejemplo de aplicación de seccionadores en redes de distribución en anillo.

El arco eléctrico: En Electricidad se denomina arco o también arco voltaico a la descarga eléctrica que se forma entre dos electrodos sometidos a una diferencia de potencial y colocados en el seno de una atmósfera gaseosa enrarecida, normalmente a baja presión, o al aire libre.

Efectos

Sobre las personas: - Quemaduras. - Conjuntivitis.

Sobre los aparatos: Produce calor y como consecuencia de esto calentamiento y oxidación del contacto, siendo el óxido mal conductor y ofreciendo gran resistencia del contacto que produce caída de tensión en los receptores. En el propio aparato produce pérdida de potencia importante, pérdida de elasticidad disminuyéndose la presión del contacto y el consiguiente deterioro del interruptor, y deterioro de los aislantes con riesgo de cortocircuito y seguidamente el deterioro del interruptor.

Métodos de extinción

Ruptura en el aire

La técnica de la extinción del arco sin otro agente externo que el aire, es la más simple. Atendiendo a los medios utilizados para reforzar la acción de la desionización, se puede clasificar en:

- Ruptura brusca.

- Soplado autoneumático.

- Soplado magnético.

Ruptura brusca

Si se da a los contactos móviles del interruptor una elevada velocidad se reduce la ionización del aire, y por tanto, se incrementa la regeneración dieléctrica y el poder de corte del interruptor.

La velocidad de los contactos móviles debe ser independiente de la maniobra del operario que acciona el interruptor y generalmente dependen de la energía acumulada en unos resortes o muelles.

Se emplea en todas las gamas de tensiones combinado con otros métodos.

Soplado autoneumático.

Esta técnica de ruptura se basa en el soplado de la zona del arco con el volumen de aire contenido en un cilindro, que es impulsado por un pistón ligado al mecanismo que acciona el sistema de los contactos móviles del interruptor.

Soplado magnético

Consiste en producir un rápido alargamiento del arco, por la acción de un campo magnético excitado por la propia corriente a cortar, que es canalizado hacia el interior de una cámara de extinción de material aislante y refractario. En los interruptores de corriente alterna, el soplado magnético es nulo en el momento de extinguirse el arco (paso por cero de la corriente), no ejerciéndose en estos instante acción electromagnética alguna sobre los iones y electrones presentes en la columna del arco. Esto limita la utilización de este tipo de aparatos en tensión muy elevadas, empleados más bien en m.t., hasta 24kv y sobre todo en b.t.

Ruptura en aceite

Consiste en la inmersión de los contactos bajo el aceite. Al separarse los contactos y producirse el arco, la muy alta temperatura de éste (6.000 a 8.000 °C) disocia al aceite liberando una gran cantidad de gases, formándose: hidrógeno (70%), metano (10%), etileno (20%) y carbón libre.

La polución del carbón hace disminuir el aislamiento dentro del polo del interruptor y ello exige que se tenga que hacer revisiones periódicas.

En la ruptura en aceite se pueden distinguir dos tipos:

- Gran volumen de aceite.

- Pequeño volumen de aceite.

Este método se utiliza en M.T., A.T y M.A.T.

Ruptura en aire comprimido

La rigidez dieléctrica del aire aumenta con la presión.

La elevada rigidez del aire comprimido y la gran velocidad de desplazamiento son los dos valores que favorecen la rápida extinción del arco.

Es suficiente que la presión del aire a la entrada de corte sea 1,8 veces superior a la presión de salida, para que el aire alcance en la zona del arco la velocidad del sonido.

Se emplea en M.T., A.T. y M.A.T.

Presenta el inconveniente de que necesita muchos accesorios y en zonas pobladas no se pueden poner por el ruido tan grande que provoca.

Ruptura en vacío

Basta con separar los contactos que están situados en un compartimiento estanco con el grado de vacío, para tener un interruptor de vacío.

Ruptura en hexafloruro de azufre (sf6)

El sf6 a la temperatura ordinaria es un gas cinco veces más pesado que el aire, inodoro, incoloro, inflamable y no tóxico.

La rigidez dieléctrica del sf6 a la presión atmosférica es el triple que la del aire. Los productos de la descomposición del gas pueden atacar a los metales y aislantes especiales en presencia de humedad, para que esto no ocurra se introduce en el interior de las cámaras alúmina activada que absorben estos productos.

Actualmente está aplicado y comercializado en toda la gama de tensiones desde 1 a 800kv.

Protección de líneas en redes con neutro a tierra

En estas redes deberá disponerse de elementos de protección contra cortocircuitos que puedan producirse en cualquiera de las fases. El funcionamiento de la protección de sobreintensidad no debe aislar el neutro de tierra.

Protección de líneas en redes con neutro aislado de tierra

En estas redes cuando se utilicen interruptores automáticos para la protección contra cortocircuito, será suficiente disponer solamente de relés sobre dos de las fases.

En el caso de líneas aéreas habrá siempre un sistema detector de tensión homopolar en la subestación donde este la cabeza de línea. Además, en el caso de subestaciones donde no haya vigilancia directa o por telecontrol, se instalaran dispositivos automáticos, sensibles a los efectos eléctricos producidos por las corrientes de defecto a tierra, que provoquen la apertura de los aparatos de corte.

Baterías de condensadores

En la instalación de baterías de condensadores y a fin de evitar que la avería de un elemento de lugar a la propagación de la misma a otros elementos de la batería, se dispondrá de una protección adecuada que provoque su desconexión, o bien, cada elemento dispondrá de un fusible que asegure la desconexión individual del elemento averiado. Estas protecciones esteraran complementadas con un relé de desequilibrio que provocara la desconexión de la batería a través del interruptor principal.

Todas las batería de condensadores estarán de dispositivos para detectar las sobreintensidades, la sobretensiones y los defectos a tierra, cuyos relés a su vez provocaran la desconexión del interruptor principal antes de citado. Cada elemento condensador tendrá una resistencia de descarga que reduzca la tensión entre bornes a menos de 50 v al cabo de un minuto desde su conexión para elementos de tensión nominal igual o inferior a 660 v y de cinco minutos para condensadores de tensión nominal superior.

Protección de líneas en redes con neutro a tierra

En estas redes deberá disponerse de elementos de protección contra cortocircuitos que puedan producirse en cualquiera de las fases. El funcionamiento de la protección de sobreintensidad no debe aislar el neutro de tierra.

Salidas de líneas

Las salidas de línea deberán estar protegidas contra cortocircuitos y, cuando proceda, contra sobrecargas. 4.2.3 ubicación agrupación de los elementos de protección.

Los transformadores se protegerán contra sobreintensidades de alguna de las siguientes maneras:

A) de forma individual con los elementos de protección situados junto al transformador que protegen.

B) de forma individual con los elementos de protección situados en la salida de la línea en la subestación que alimenta al transformador en un punto adecuado de la derivación, siempre que esta línea o derivación alimente un solo transformador.

A los efectos de los párrafos anteriores a) y b) se considera que la conexión en paralelo de varios transformadores trifásicos o la conexión de tres monofásicos para un banco trifásico, constituye un solo transformador.

C) de forma agrupada cuando se trate de centros de transformación de distribución pública colocándose los elementos de protección en la salida de la línea en la subestación de alimentación o en un punto adecuado de la red.

En este caso, el número de transformadores en cada grupo no será superior a ocho, la suma de las potencias nominales de todos los transformadores del grupo no será superior a 800 kva y la distancia máxima entre cualquiera de los transformadores y el punto donde esté situado el elemento de protección será de 4 km como máximo. Cuando estos de centros de transformación sean sobre poste, la potencia máxima unitaria será de 250 kVA.

Tarifación eléctrica

En la actualidad, todos los consumidores de energía eléctrica, independientemente de la finalidad a la que destinen el consumo, la tensión a la que reciban el suministro o el lugar en el que se encuentren, tienen la posibilidad de elegir suministrador, pactando con él los precios y condiciones en los que se prestará el servicio. Sin embargo, el cliente tiene derecho a continuar en el mercado regulado, por lo que siguen existiendo las tarifas eléctricas, que vienen a cubrir los costes en los que incurren las empresas que actúan en actividades reguladas, así como otros costes necesarios para mantener el sistema eléctrico. Será el instalador eléctrico con conocimientos en esta materia, el encargado de asesorar sobre las opciones, más ventajosas en cada caso al propio usuario, y así éste podrá decidir con pleno conocimiento. En consecuencia, todos los clientes tienen derecho a elegir entre dos posibles formas de contratar la energía eléctrica:

- En el mercado regulado: el cliente paga la tarifa integral (también llamada tarifa de suministro, tarifa básica o simplemente tarifa), que cubre todos los costes del suministro.

- En el mercado libre: el cliente paga la tarifa de acceso, que es el peaje por el uso de las redes de transporte y distribución, y la energía propiamente dicha, que la puede adquirir a un Comercializador o directamente en el mercado. Por lo tanto, además del precio de la energía y de otros servicios relacionados que tienen un precio libre si se contratan en mercado, hay dos conceptos que siguen siendo fijados por el gobierno: las tarifas integrales para los clientes que continúan en el mercado regulado y las tarifas de acceso para los clientes que han pasado al mercado libre.

¿Qué es la tarifa eléctrica?

La Tarifa eléctrica se establece de acuerdo con la Ley 54/1997, de 27 de noviembre del Sector Eléctrico, anualmente o cuando las circunstancias especiales lo aconsejen, previos los trámites e informes oportunos. El Gobierno mediante Real Decreto procederá a la aprobación o modificación de la tarifa media o de referencia. En esta hoja se incluirán algunas aclaraciones a la tarifa de modo simplificado, para un mayor detalle se acudirá a la legislación.

Legislación específica. La normativa del sector se recoge en la sección Legislación, si bien de esta, relacionada con tarifas eléctricas, destacamos la siguiente:

• REAL DECRETO 1634/2006, de 29 de diciembre, por el que se establece la tarifa eléctrica a partir de 1 de enero de 2007(B.O.E. 30-12-06)

• REAL DECRETO 809/2006, de 30 de junio, por el que se revisa la tarifa eléctrica a partir del 1 de julio de 2006. (BOE 1-07-06).

• REAL DECRETO 1556/2005, de 23 de diciembre, por el que se establece la tarifa eléctrica para 2006. (BOE 28-12-05).

• REAL DECRETO 2392/2004, de 30 de diciembre, por el que se establece la tarifa eléctrica para 2005. (B.O.E. 31.12.04).

• REAL DECRETO 1802//2003, de 26 de diciembre, por el que se establece la tarifa eléctrica para 2004. (B.O.E. 27.12.02). REAL DECRETO 1436/2002, de 27 de diciembre, por el que se establece la tarifa eléctrica para 2003. (BOE 31-12-02).

• REAL DECRETO 1432/2002, de 27 de diciembre, por el que se establece la metodología para la aprobación o modificación de la tarifa eléctrica media o de referencia y se modifican algunos artículos del Real Decreto 2017/1997, de 26 de diciembre, por el que se organiza y regula el procedimiento de liquidación de los costes de transporte, distribución y comercialización a tarifa, de los costes permanentes del sistema y de los costes de diversificación y seguridad de abastecimiento. (BOE 31-12-02).

Transmisión de información en los sistemas eléctricos, área de aplicación

Condiciones de acoplamiento de transformadores

Transformadores trifásicos en paralelo

- igualdad de relación de transformación.
- igualdad de tensión de cortocircuito.
- igualdad de potencia.
- igualdad de índice horario.

Las condiciones 1,2 y3 son necesarias para el buen servicio de la instalación, aunque se admiten las siguientes tolerancias:

Inconvenientes

- En caso de cortocircuito en b.t. La potencia de cortocircuito es el doble y puede causar daños importantes en la instalación.

- La calidad de servicio no es la deseable, pues en caso de sobrecarga de uno de los transformadores, nos lleva a la desconexión de los dos transformadores, y como consecuencia se produce un cero total en b.t.

- Hay peligro de accidentes eléctricos, dada la reversibilidad de los transformadores.

Todas estas causas y algunas más nos llevan a la conclusión de no aconsejar el acoplamiento en paralelo de transformadores.

Reparto de cargas

El reparto de potencias de dos transformadores acoplados en paralelo es inversamente proporcional a los valores de sus tensiones de cortocircuitos.

Averías en los transformadores

Sobretensiones en las líneas, cortocircuitos, envejecimiento del aceite.

Derivaciones de sus devanados: Se detecta midiendo el aislamiento de sus devanados.

Cortes de arrollamientos: Se detecta midiendo continuidad de sus devanados.

Defecto de aislamiento

- Entre devanados de alta y masa.

- Entre devanados de baja y masa.

- Entre devanados de alta y de baja.

Unidad.

- El megaohmio (mω).

Valores mínimos admisibles

- criterio general: 1000kω por voltio.

- criterio en función de la temperatura.

Aparato de medida

- medidor de aislamiento.

Cortes de arrollamientos

- En devanado primario.

- En devanado secundario.

- En los dos devanados.

Medida de resistencia

- Unidad: el ohmio.

- Aparato: óhmetro o multímetro.

- Consideraciones:

* Los devanados primarios por fase tienen el mismo valor.

* Los devanados secundarios por fase tiene el mismo valor.

* Dependiendo del grupo de conexión se obtienen medidas de resistencia de:

** Dos fases en serie.

** Una fase.

** Dos fases en serie con una en paralelo.

Protección de transformadores

Protección contra cortocircuitos

- Con fusibles.

- Con interruptor automático combinado con relés directos o indirectos

Protección contra sobrecargas

- Con relés directos.

- Con relés indirectos.

- Con termómetros.

Fusibles

- En m.t. Todos los fusibles son de alto poder de ruptura (a.p.r.).

- Según la norma para su fabricación:

* Fusibles F.T.R (norma francesa).

* Fusibles DIN   (norma UNE).

- Fusibles de expulsión:

* Fusibles XS o CUT - OUT.

* Fusibles de ballesta.

Instalación de tierra

Es el conjunto formado por electrodos y líneas de tierra de una instalación eléctrica.

Instalación de tierra general

Es la instalación de tierra resultante de la interconexión de todas las Puestas a tierra de protección y de servicio de una instalación.

Instalaciones de tierra independientes

Dos instalaciones de tierra se consideran independientes entre sí cuando tienen electrodos de tierra separados y cuando, durante el paso de la corriente a tierra por una ellas, la otra no adquiere respecto a una tierra de referencia una tensión superior a 50v.

Instalaciones de tierras separadas

Dos instalaciones de tierra se denominan separadas cuando entre sus electrodos no existe una conexión específica directa.

Línea de enlace con el electrodo de tierra

Cuando existiera punto de puesta de tierra, se denomina línea de enlace con el electrodo de tierra, a la parte de la línea de tierra comprendida entre el punto de puesta a tierra y el electrodo, siempre que el conductor este fuera del terreno o colocado aislado del mismo.

Línea de tierra

Es el conductor o conjunto de conductores que une el electrodo de tierra con una parte de la instalación que se haya de poner a tierra, siempre y cuando los conductores estén fuera del terreno o colocados en el pero aislados del mismo.

Puesta a tierra de protección

Es la conexión directa a tierra de las partes conductoras de los elementos de una instalación no sometidos normalmente a tensión eléctrica, pero que pudieran ser puestos en tensión por averías o contactos accidentales, a fin de proteger a las personas contra contactos con tensiones peligrosas.

Punto neutro

Es el punto de un sistema polifásico que en las condiciones de funcionamiento previstas, presenta la misma diferencia de potencial con relación a cada uno de los polos o fases del sistema.

Red con neutro a tierra

Red cuyo neutro está unido a tierra, bien directamente o bien por medio de una resistencia o de una inductancia de pequeño valor.

Subestación

Conjunto situado en un mismo lugar, de la aparamenta eléctrica y de los edificios necesarios para realizar alguna de las funciones siguientes: transformación de la tensión, de la frecuencia, del número de fases, rectificación, compensación del factor de potencia y conexión de dos o más circuitos.

Quedan excluidos de esta definición los centros de transformación.

Subestación de maniobra

Es la destinada a la conexión entre dos o más circuitos y su maniobra.

Subestación de transformación

Es la destinada a la transformación de energía eléctrica mediante uno o más transformadores cuyos secundarios se emplean en la alimentación de otras subestaciones o centros de transformación.

Anclaje

Los transformadores de potencia, si disponen de ruedas, deberán tenerlas bloqueadas durante su normal funcionamiento.

Aplicaciones:

CT «de red pública» y CT «de abonado

Cuando se trata de alimentar a diversos abonados en BT, la empresa distribuidora, instala un CT de potencia adecuada al consumo previsto del conjunto de abonados.

Por tanto, el CT es propiedad de la empresa suministradora de electricidad la cual efectúa su explotación y mantenimiento, y se responsabiliza de su funcionamiento. Por tanto, este CT forma parte de la red de distribución también denominada «red pública». Ahora bien, a partir de determinada potencia y/o consumo, existe la opción de contratar el suministro de energía directamente en MT. En este caso, el abonado debe instalar su propio CT y realizar su explotación y mantenimiento. Se habla pues de un CT «de abonado». Como sea que el precio de la energía en MT es más bajo que en BT, a partir de ciertas potencias (kVA) y/o consumos (kWh) resulta más favorable contratar el suministro en MT, aun teniendo en cuenta el coste del CT y su mantenimiento (ambos a cargo del abonado). Esta opción de CT propio presenta otras ventajas adicionales:

- Independización respecto de otros abonados de BT.
- Poder elegir el «régimen de neutro» de BT (anexo A6) más conveniente, aspecto importante para ciertas industrias, por ejemplo las de proceso continuo, en las que la continuidad de servicio puede ser prioritaria.
- Poder construir el CT, ya previsto para futuras ampliaciones.

Puede hablarse pues de «CT de red pública» y de «CT de abonado».

Existen diferencias entre ambos tipos, en cuanto a su esquema eléctrico, tipo de aparatos, forma de explotación, protección, etc.

Los CT de red pública son, en general, de concepción más simple que los CT de abonado, los cuales, en muchos casos son de potencia más elevada y con un esquema eléctrico más complejo, entre otros motivos por el hecho de tener el equipo de contaje en el propio CT y en el lado de MT.

Centro de transformación completo

AUTOEVALUACIÓN

Instalaciones eléctricas de enlace y centros de transformación: Redes eléctricas de distribución. Centro de transformación. Instalaciones de enlace, partes y elementos que las constituyen. Tarifación eléctrica. Transmisión de información en los sistemas eléctricos, área de aplicación.

---

1. Qué define el siguiente enunciado: Es el conjunto de instalaciones que se utilizan para transformar otros tipos de energía en electricidad y transportarla hasta los lugares donde se consume:
   a) Tendido de línea eléctrica
   b) Generación y transporte de electricidad
   c) Generación y transporte de agua
   d) Montaje de equipos eléctricos
   e) Ninguna es correcta

2. En una instalación normal, los generadores de la central eléctrica suministran voltajes de:
   a) 50 volts
   b) 1000 volts
   c) 26.000 volts
   d) 10.000 volts
   e) 380 volts

3. En la subestación, el voltaje se transforma en tensiones entre
   a) 220 y 380 volts
   b) 110 y 150 volts
   c) 69.000 y 138.000
   d) 3.000 y 5.000
   e) Ninguna es correcta

4. ¿A cuántos Kilovatios suele trabajar la industria pesada?
   a) A 5
   b) A 10
   c) A 33
   d) A 20
   e) A 15

5. En algunos países las viviendas reciben entre
   a) 110 y 125
   b) 380 y 660
   c) 1000 y 2000
   d) 220 y 230
   e) A y d son correctas

6. En una central hidroeléctrica, el agua que cae de una presa hace girar:
   a) Bobinas
   b) Transformadores
   c) Turbinas
   d) Todas son correctas
   e) Ninguna es correcta

7. El desarrollo actual de los rectificadores de estado sólido para alta tensión hace posible una conversión económica de alta tensión de corriente alterna a alta tensión de:
   a) Corriente mixta
   b) Corriente lineal
   c) Corriente trifásica
   d) Corriente monofásica
   e) Corriente continua

8. La estación central de una instalación eléctrica consta de una máquina motriz, como una turbina de combustión, que mueve:
   a) Una turbina
   b) Un propulsor
   c) Un generador eléctrico
   d) Un transformador
   e) Todas son correctas

9. ¿A qué frecuencia se genera electricidad en Europa?
   a)   A 100 Hertz
   b)   A 200 Hertz
   c)   A 25 Hertz
   d)   A 50 Hertz
   e)   A 10 Hertz

10. ¿Hasta qué valor clasifica la Baja tensión en corriente alterna?
   a)   Hasta 500 volts
   b)   Hasta 600 volts
   c)   Hasta 800 volts
   d)   Hasta 1000 volts
   e)   Hasta 5000 volts

11. ¿Hasta qué valor clasifica la Baja tensión en corriente continua?
   a)   Hasta 500 volts
   b)   Hasta 600 volts
   c)   Hasta 1000 volts
   d)   Hasta 1500 volts
   e)   Hasta 5000 volts

12. ¿Desde qué valor clasifica La Alta Tensión en corriente alterna?
   a)   A partir de 1501 volts
   b)   A partir de 1001 volts
   c)   A partir de 601 volts
   d)   A partir de 501 volts
   e)   A partir de 5001 volts

13. Cuál de los siguientes corresponde a los dos tipos de transformadores:
   a)   Resistencia y Medición
   b)   Intensidad y tensión
   c)   Rectificación y control
   d)   Baja tensión y alta tensión
   e)   Ninguna es correcta

14. Qué define el siguiente enunciado: Es la instalación provista de uno a varios transformadores reductores de Media a Baja Tensión, con sus aparatos y obra complementaria precisos:
- a) Instalaciones eléctricas industriales
- b) Instalaciones eléctricas domiciliarias
- c) Centro de Generadores alternos y dínamos
- d) Centro de Transformación
- e) Centro de control de planta generadora

15. Según la clasificación de los CT (centros de transformación), Cual o cuales corresponde a un tipo de CT:
- a) Por su construcción
- b) Por su acometida
- c) Por su emplazamiento
- d) Por su magnitud
- e) B y c son correctas

16. ¿En la alimentación de CT de AT/MT, cuál o cuáles corresponde a un tipo de esquema de alimentación?
- a) Esquema lineal o recto
- b) Esquema paralelo o vertical
- c) Esquema de bucle abierto o en anillo
- d) Esquema de bucle cerrado o en redondo
- e) Esquema con triple procedencia

17. ¿Cuál de los siguientes corresponde a componentes básicos de una CT?
- a) Caja metálica
- b) Celdas
- c) Base de soporte
- d) Abertura d ventilación
- e) C y d son correctas

18. Las celdas se pueden clasificar según el tipo constructivo en:
- a) Cristal
- b) Ladrillo
- c) Mampostería
- d) Ninguna es correcta
- e) Todas son correctas

19. Qué es un embarrado de CT
   a)   Módulo de conexión en el barro
   b)   Elemento eléctrico en barras
   c)   Módulo de acoplamiento entre barras
   d)   Conexión de líneas múltiples
   e)   Módulo de contacto en el cuadro

20. Cuál de los siguientes compone un cuadro de baja tensión de un CT:
   a)   Módulo de protección
   b)   Módulo de corrección
   c)   Módulo de conexión
   d)   A y c son correctas
   e)   Ninguna es correcta

21. ¿Qué daño produce el arco eléctrico sobre las personas?
   a)   Raspaduras
   b)   Cortes
   c)   Infecciones
   d)   Quemaduras
   e)   Vómitos

22. ¿De qué otra manera se denomina el arco eléctrico?
   a)   Arco de curva
   b)   Arco de fuerza
   c)   Arco de potencia
   d)   Arco voltaico
   e)   Ninguna es correcta

23. Cuántas formas existen de contratar la energía eléctrica:
   a)   Una
   b)   Dos
   c)   Tres
   d)   Cuatro
   e)   Cinco

24. ¿La Tarifa eléctrica se establece de acuerdo con la Ley del Sector Eléctrico Nº?
   a) 54/1998, de 27 de noviembre
   b) 54/1997, de 27 de noviembre
   c) 54/1999, de 27 de noviembre
   d) 54/1996, de 27 de noviembre
   e) 54/1995, de 27 de noviembre

25. ¿Cuál puede ser una de las averías en los transformadores?
   a) Inundación de CT
   b) Envejecimiento del agua
   c) Sobretensiones en las líneas
   d) Accidentes involuntarios
   e) Ninguna es correcta

26. Qué define el siguiente enunciado: Los transformadores de potencia, si disponen de ruedas, deberán tenerlas bloqueadas durante su normal funcionamiento:
   a) Frenado
   b) Parada
   c) Detenimiento
   d) Anclaje
   e) Stop

SOLUCIONARIO

1. b) Generación y transporte de electricidad
2. c) 26.000 volts
3. c) 69.000 y 138.000
4. c) A 33
5. e) A y d son correctas
6. c) Turbinas
7. a) Corriente continua
8. c) Un generador eléctrico
9. d) A 50 Hertz
10. d) Hasta 1000 volts
11. d) Hasta 1500 volts
12. b) A partir de 1001 volts
13. b) Intensidad y tensión
14. d) Centro de Transformación
15. e) b y c son correctas
16. c) Esquema de bucle abierto o en anillo
17. b) Celdas
18. c) Mampostería
19. b) Módulo de acoplamiento entre barras
20. d) a y c son correctas
21. d) Quemaduras
22. d) Arco voltaico
23. b) Dos
24. b) 54/1997, de 27 de noviembre
25. c) Sobretensiones en las líneas
26. d) Anclaje

Instalaciones energía solar fotovoltaica: Aplicaciones de la energía solar fotovoltaicas. Componentes de una instalación fotovoltaica. Dimensionado de instaladores solares fotovoltaicas. Sistemas fotovoltaicos conectados a la red.

Instalaciones energía solar fotovoltaica
Aplicaciones de la energía solar fotovoltaica

A. Energía solar fotovoltaica

El sol emite sobre la tierra en tan solo una hora la misma cantidad de energía que consume toda la humanidad en un año. Esta es una fuente de energía no contaminante, renovable y gratuita. La energía solar fotovoltaica consiste en el aprovechamiento y transformación de la energía luminosa que recibimos del sol en energía eléctrica, mediante células compuestas por materiales semiconductores, que al contacto con la luz, producen pequeñas corrientes eléctricas. A este fenómeno se le conoce como efecto fotovoltaico. Asociando varias de estas células en serie y o paralelo, es como se construyen los módulos fotovoltaicos, cuyas potencias están en función de la cantidad de células con que se dota a cada modelo, así como de su configuración; bien sea en serie y/o paralelo aumentaremos la tensión o la intensidad del módulo en cuestión, dependiendo de estos dos factores la potencia resultante para cada modelo. Es la instalación solar más sencilla, no requiere de inversores ya que todos los elementos que van conectados a ella funcionan en corriente continua a 12/24V. Existen en el mercado luminarias, frigoríficos y otros aparatos para este tipo de instalaciones. Los usos más idóneos, son para iluminación de bordas, casetas de: huerta, prefabricadas, de obra. Carga de baterías en autocaravanas, barcos etc., alimentación de pastores eléctricos, telecomunicaciones, balizas de señalización, etc.

B. Funcionamiento

Existen 2 tipos de sistema de Instalaciones solares fotovoltaicas:

1) Instalaciones aisladas de la red

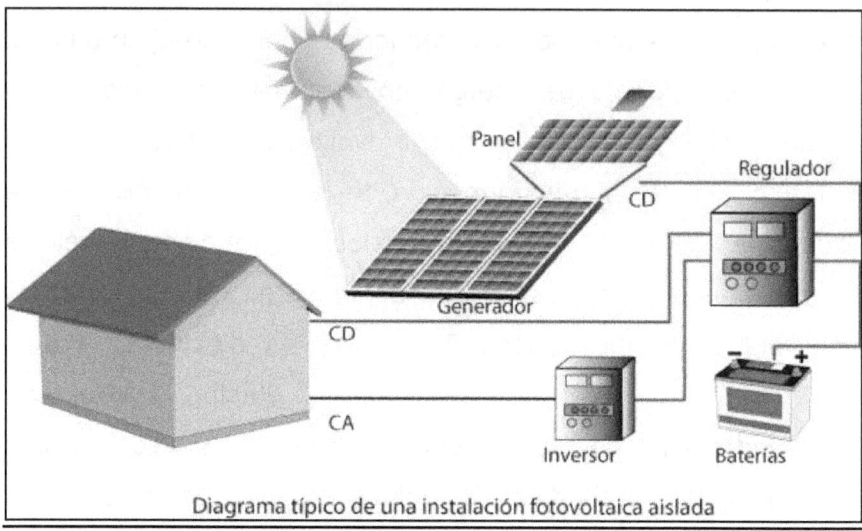

Diagrama típico de una instalación fotovoltaica aislada

Son aquellas instalaciones donde los Paneles Solares transforman la radiación solar en corriente eléctrica y la envían a unos acumuladores eléctricos especiales. Entren ambos se intercala un Regulador de Carga, que protege a los acumuladores y automatiza el servicio. Mediante un Convertidor de voltaje es posible el uso de electrodomésticos a 220V. La energía acumulada puede ser utilizada en los periodos sin sol con total seguridad y eficacia. Aunque el suministro eléctrico está muy extendido, quedan lugares aislados cuyo abastecimiento no resulta fácil, y en los que el coste de una instalación fotovoltaica es menor que el de la prolongación de la línea eléctrica u otra alternativa. Es el caso de viviendas aisladas de ocupación permanente, viviendas de fin de semana, refugios de montaña, ermitas, granjas, bordas de pastores, bodegas, áreas recreativas, colonias de verano, etc. Para diseñar una instalación fotovoltaica es necesario conocer nuestras necesidades eléctricas, así como la ubicación y posición de los paneles y el resto de los elementos para el funcionamiento de la instalación.

Además necesitaremos contar con un sistema de almacenamiento que posibilite hacer uso de la energía cuando sea necesaria, para ello se usan los acumuladores o baterías.

Instalaciones 220/230 volts:

Un regulador protegerá los acumuladores de descargas o cargas excesivas. Y como la corriente que generan los paneles es continua 12/24V, si queremos usarla normalizada a 220-230V corriente alterna, necesitaremos un inversor o convertidor.

Instalaciones 12/24 V cc:

Es la instalación solar más sencilla, no requiere de inversores ya que todos los elementos que van conectados a ella funcionan en corriente continua a 12/24V. Existen en el mercado luminarias, frigoríficos y otros aparatos para este tipo de instalaciones. Los usos más idóneos, son para iluminación de bordas, casetas de: huerta, prefabricadas, de obra. Carga de baterías en autocaravanas, barcos etc., alimentación de pastores eléctricos, telecomunicaciones, balizas de señalización, etc.

2) *Instalaciones conectadas a la red*

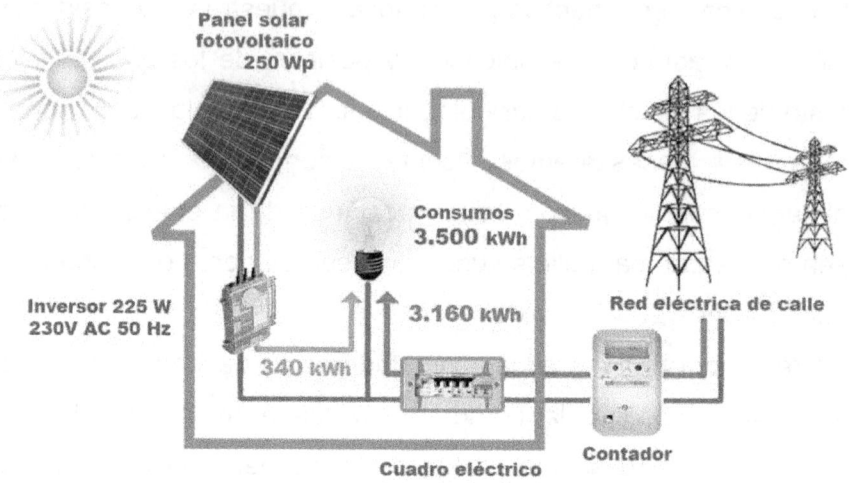

Son las instalaciones que producen electricidad para inyectarla a la red pública. En España, está reglamentada la venta de electricidad de origen solar (según los Reales Decretos 2818/98 del 23 de diciembre y el 1663/2000 del 29 de septiembre), existiendo un "contrato tipo" de compra de esta electricidad a los productores particulares. El precio que nos pagaría la compañía eléctrica por inyectar electricidad a la red está fijado en 0,40 (66 Pts.) por Kwh. (Para instalaciones con potencia instalada de hasta 5Kwh), y a 0,22 (36 Pts.) para instalaciones mayores de 5Kwh. Teniendo en cuenta que nosotros pagamos por usar la electricidad de la red pública 0,08 (13 pts.) aproximadamente por Kwh. Y que se pueden obtener importantes subvenciones. Resulta una instalación muy interesante económicamente como inversión. Además supone la aportación desde la propia individualidad del grano de arena necesario para hacer realidad la presencia de la energía solar en la sociedad. En esta instalación no son necesarios los acumuladores ni el regulador, pero necesitaremos un convertidor a red, los elementos de control exigibles, y dos contadores, uno marcará la electricidad que compramos, y otro la electricidad que vendemos.

C. Aplicaciones

Prácticamente cualquier aplicación que necesite electricidad para funcionar se puede alimentar con un sistema fotovoltaico adecuadamente dimensionado. La única limitación es el costo del equipo y, en algunas ocasiones, el tamaño del campo de paneles. No obstante, en lugares remotos alejados de la red de distribución eléctrica, lo más rentable suele ser instalar energía solar fotovoltaica antes que realizar la conexión a la red. Entre las principales aplicaciones se incluyen: electrificación de viviendas, sistemas de bombeo y riego, iluminación de carreteras, repetidoras de radio y televisión, depuradoras de aguas residuales, etc. Además de las aplicaciones en viviendas, su uso es aplicable a: -Granjas, -Repetidores, -Señalización, -Alumbrado público, -Vallas Publicitarias.

Bombeo solar

Otra de las importantes aplicaciones de la energía solar fotovoltaica es la alimentación eléctrica de sistemas de bombeo de agua autónomos, tanto para uso doméstico como agrícola. Los sistemas fotovoltaicos destacan por su fácil instalación, limpieza y fiabilidad, en comparación con otras opciones de sistema de bombeo utilizado en zonas sin red eléctrica.

La forma de instalación depende del uso que se quiera dar. Si es doméstico, la bomba debe de funcionar haya o no radiación solar para cubrir los servicios de la casa. Es necesario la instalación de acumuladores y regulador. Así el bombeo funcionará en cualquier momento del día o de la noche. Este es un tipo de bombeo solar de accionamiento indirecto. Otro tipo de bombeo solar, llamado de accionamiento directo, es usado más habitualmente para usos agrícolas, como el regadío o ganaderos. Requiere pocos elementos, normalmente no lleva baterías puesto que el agua es bombeada a un depósito, para usarla cuando sea necesario. Tiene muchas ventajas, y ahorra costes de mantenimiento, funcionamiento, etc.

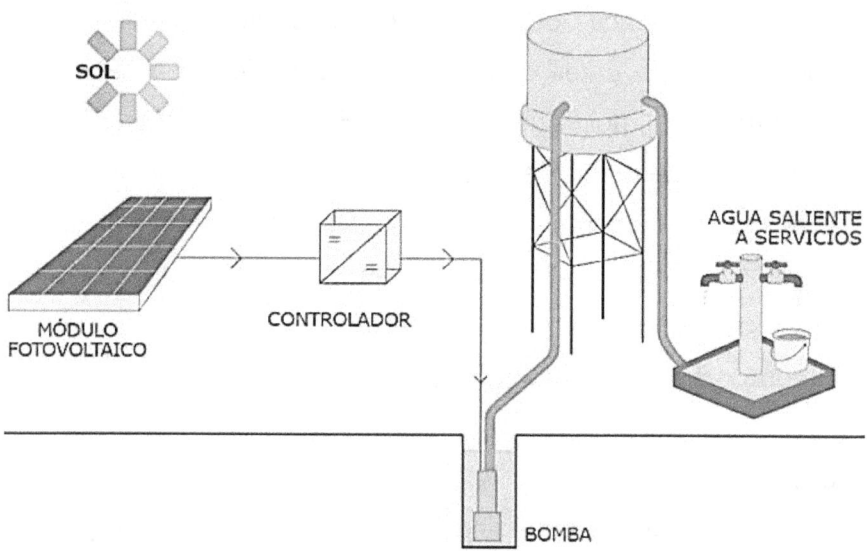

Iluminación pública

La necesidad de puntos de iluminación en muchos lugares aislados de la red eléctrica ha hecho de las FAROLAS FOTOVOLTAICAS, la solución ideal para estas ubicaciones.

Entre sus principales aplicaciones están: Las vías públicas, paseos, cementerios, ermitas, jardines, urbanizaciones, zonas rurales, parques infantiles, camping, caminos aislados, etc.

· Es un sistema ecológico, no contaminante

· Económico, al evitar el tendido de cables eléctricos, y los costes de realización como levantamiento de calzadas, etc.

· Es seguro al funcionar a baja tensión.

· De fácil instalación.

· Apenas requiere mantenimiento.

· Destacar la fiabilidad y larga vida de los sistemas fotovoltaicos.

Otros usos

La energía solar fotovoltaica tiene tantas aplicaciones como la electricidad. A lo largo del mundo es posible encontrarse con instalaciones fotovoltaicas que alimentan desde una bombilla hasta pueblos enteros. Existen aplicaciones en los sectores de telecomunicación, automoción, náutico, parquímetros, radios solares, equipos de carga para ordenadores portátiles y teléfonos móviles, calculadoras de bolsillo, relojes electrónicos. Así es posible encontrar instalaciones fotovoltaicas para señalización de autopistas y carreteras, ferrocarriles, plataformas petrolíferas, balizas de puertos. También en la protección catódica para grandes estructuras como puentes, gaseoductos y oleoductos. Las aplicaciones en vehículos eléctricos son cada día más frecuentes. Estos sistemas son una excelente solución cuando hay necesidad de transmitir cualquier tipo de señal o información desde un lugar aislado, como estaciones meteorológicas, equipos de radio y vigilancia forestal para la prevención de incendios y, en definitiva, todo un mundo de consumos eléctricos tiene ya su equipo solar fotovoltaico.

Equipo de refrigeración móvil para transporte de vacunas en el desierto

Mención especial tienen estos sistemas instalados en países en vías de desarrollo, ya que en la mayoría de los casos, es la única alternativa de que disponen para acceder a la electricidad que les permita por ejemplo obtener agua potable, o acondicionar hospitales, escuelas, etc. Además de jugar un papel muy importante en el suministro de medicamentos en áreas remotas, como las vacunas que son muy sensibles a las variaciones de temperatura y precisan de equipos de refrigeración adecuados.

Componentes de una instalación fotovoltaica

Componentes del sistema

La instalación fotovoltaica habitualmente puede dividirse en dos circuitos: un circuito con corriente continua y otro con corriente alterna. Los paneles fotovoltaicos generan corriente en continua que se almacena en las baterías. Este sería el circuito en corriente continua (12, 24 ó 48V). Habitualmente todos los electrodomésticos usan corriente alterna, por este motivo es necesario un inversor entre las baterías y los puntos de consumo. Este sería el circuito con corriente alterna. La red eléctrica funciona también con corriente alterna (220V).

El sistema se compone de:

· Módulos fotovoltaicos (Paneles)

· Reguladores de carga

· Baterías solares

· Inversores

· Estructuras soporte

Módulos fotovoltaicos: Tipos de paneles fotovoltaicos:

Existen tres "calidades" de paneles dependiendo del método de fabricación.

A continuación se describen los paneles fotovoltaicos de mayor a menor calidad:

Silicio Monocristalino:

Estas células se obtienen a partir de barras cilíndricas de silicio Monocristalino producidas en hornos especiales. Las celdas se obtienen por cortado de las barras en forma de obleas cuadradas delgadas (0,4-0,5 mm de espesor). Su eficiencia en conversión de luz solar en electricidad es superior al 12%. Son por lo tanto, los más caros pero los más efectivos.

Silicio Policristalino:

Estas células se obtienen a partir de bloques de silicio resultado de la fusión de trozos de silicio puro en moldes especiales. En los moldes, el silicio se enfría lentamente, solidificándose. En este proceso, los átomos no se organizan en un único cristal. Se forma una estructura policristalina con superficies de separación entre los cristales. Su eficiencia en conversión de luz solar en electricidad es algo menor a las de silicio Monocristalino.

Silicio Amorfo:

Estas celdas se obtienen mediante la deposición de capas muy delgadas de silicio sobre superficies de vidrio o metal. Su eficiencia en conversión de luz solar en electricidad varía entre un 5 y un 7%. Son por consiguiente, los más baratos.

Los reguladores de carga:

Los reguladores conectan el campo fotovoltaico con las baterías. Su función es evitar la sobrecarga o descarga excesiva de las baterías. El suministro de electricidad es en corriente continua. El inversor será el elemento encargado de transformar esta corriente en corriente alterna.

Existen varios tipos de reguladores de carga:

El diseño más simple es aquel que involucra una sola etapa de control. Este tipo de regulador controla la sobrecarga de la batería, o bien la descarga. Será necesario pues un regulador para cada lado. Y los más complejos controlan la sobrecarga y la descarga de las baterías simultáneamente. Estos son los más habituales en una instalación fotovoltaica. El regulador monitorea constantemente la tensión de batería. Cuando dicha tensión alcanza un valor para el cual se considera que la batería se encuentra cargada (aproximadamente 14.1 Volts para una batería de plomo ácido de 12 Volts nominales) el regulador interrumpe el proceso de carga. Cuando el consumo hace que la batería comience a descargarse y por lo tanto a bajar su tensión, el regulador reconecta el generador a la batería y vuelve a comenzar el ciclo.

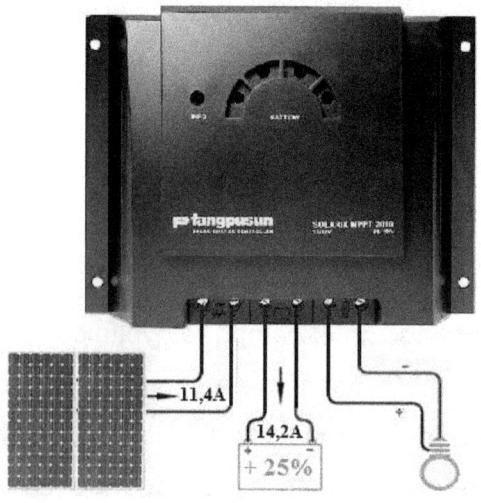

Circuito del regulador de carga

Baterías solares:

La función prioritaria de las baterías en un sistema de generación fotovoltaico es acumular la energía que se produce durante las horas de luminosidad para poder ser utilizada en la noche o durante periodos prolongados de poca iluminación. Otra importante función de las baterías es la de proveer una intensidad de corriente superior a la que el dispositivo fotovoltaico puede entregar. Tal es el caso de un motor, que en el momento del arranque puede demandar una corriente de 4 a 6 veces su corriente nominal durante unos pocos segundos.

Baterías de plomo-ácido de electrolito líquido

Las baterías de plomo-ácido se aplican ampliamente en los sistemas de generación fotovoltaicos. Dentro de la categoría plomo-ácido, las de plomo-antimonio, plomo-selenio y plomo-calcio son las más comunes. La unidad de construcción básica de una batería es la celda de 2 Volts. Dentro de la celda, la tensión real de la batería depende de su estado de carga, si está cargando, descargando o en circuito abierto. Se puede hacer una clasificación de las baterías en base a su capacidad de almacenamiento de energía (medido en Ah a la tensión nominal) y a su ciclo de vida (número de veces en que la batería puede ser descargada y cargada a fondo antes de que se agote su vida útil). La capacidad de acumulación de energía de una batería depende de la velocidad de descarga. La capacidad nominal que la caracteriza corresponde a un tiempo de descarga de 10 horas. Cuanto mayor es el tiempo de descarga, mayor es la cantidad de energía que la batería entrega. Un tiempo de descarga típico en sistemas fotovoltaicos es 100 hs. Por ejemplo, una batería que posee una capacidad de 80 Ah en 10 hs (capacidad nominal) tendrá 100 Ah de capacidad en 100 hs. Dentro de las baterías de plomo - ácido, las denominadas estacionarias de bajo contenido de antimonio son una buena opción en sistemas fotovoltaicos. Ellas poseen unos 2500 ciclos de vida cuando la profundidad de descarga es de un 20 % (es decir que la batería estará con un 80 % de su carga) y unos 1200 ciclos cuando la profundidad de descarga es del 50 % (batería con 50 % de su carga).

Inversores:

Útil para operar directamente los consumos que operan en alterna. Invierten de 12 volts CC a 220 volts CA.

Existen, según su aplicación, 2 tipos de inversores:

- *Inversores de uso aislado.* Para instalaciones de uso aislado de la Red.

- *Inversores de conexión a red.* Para instalaciones de conexión a Red.

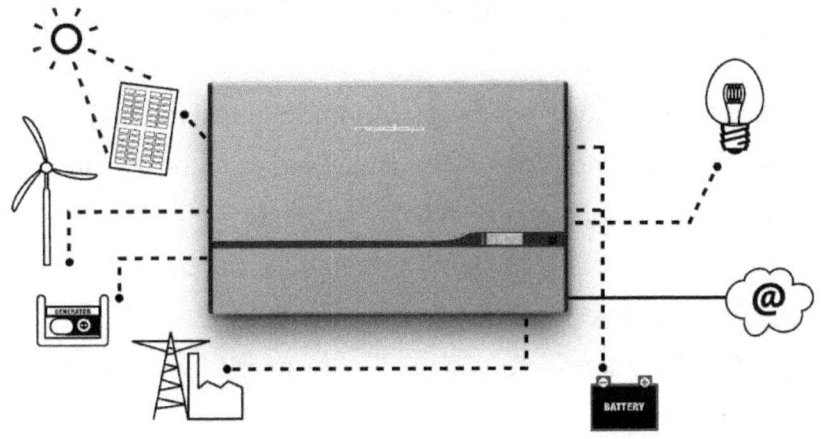

Estructuras soportes:

Uno de los elementos más importantes en una instalación fotovoltaica, para asegurar un óptimo aprovechamiento de la radiación solar es la estructura soporte, encargada de sustentar los módulos solares, proporcionándole la inclinación más adecuada para que los módulos reciban la mayor cantidad de radiación a lo largo del año.

Dimensionado de instaladores solares fotovoltaicos

Los datos de partida necesarios para el dimensionado y cálculo de las instalaciones están constituidos por tres grupos de parámetros que definen las características de:

- A. Condiciones de Uso: Consumo/Demanda energética.
- B. Climatología: Radiación disponible.
- C. Parámetros funcionales: Características energéticas del colector.

Para los datos de partida, cuyos valores evolucionan en función del tiempo, se especificarán, al menos, los valores medios de cada mes.

A. Condiciones de uso.

La memoria de diseño o proyecto especificará las necesidades de uso, con indicación del consumo de energía eléctrica en corriente continua y en corriente alterna, definiendo:

- Criterio de consumo adoptado.
- Consumo unitario máximo.
- Consumo máximo simultáneo o pico.

En aplicaciones de electrificación de viviendas para las que no se disponga de datos, se utilizarán para el diseño los consumos eléctricos de corriente alterna (CA) y continua (CC) orientativos de la siguiente Tabla.

En instalaciones existentes, para las que se disponga de datos de consumo proporcionados por el usuario, bien mediante valores medidos en años anteriores o bien mediante las especificaciones de potencia de los aparatos y su tiempo de utilización diario, se utilizarán estos datos, previa justificación de los mismos.

En aplicaciones de bombeo de agua, la potencia eléctrica requerida por la bomba (E n Wh /día) puede calcularse de acuerdo a la expresión siguiente:

En donde:

- r es la densidad en Kg/dm3 y su valor es aproximadamente la unidad.
- g es la aceleración de la gravedad, igual a 9,81 m/s2.
- h es la diferencia de altura, en metros, entre el nivel de descarga de la tubería de impulsión en el depósito y el nivel estático del agua del pozo.
- V es el volumen de agua a bombear en litros.
- t es el tiempo en horas de funcionamiento diario de la bomba.
- h en la eficiencia de la bomba, definida como el cociente entre la energía hidráulica proporcionada y la energía eléctrica consumida (para sistemas de bombeo en corriente alterna puede utilizarse como valor 0,4).

Se tendrá en cuenta la potencia consumida en el arranque de la motobomba en la potencia pico máximo instantánea.

B. Condiciones Climáticas.

Al objeto de esta especificación podrá utilizarse la siguiente tabla de radiación (kWh/m2 día) sobre superficie horizontal: Para la determinación de las horas pico de sol diarias de trabajo del panel solar fotovoltaico en cada uno de los meses según la inclinación respecto de la horizontal a la que se instalen éstos, se utilizarán los coeficientes representados en la siguiente tabla, multiplicando la radiación sobre superficie horizontal por el coeficiente correspondiente.

C. Parámetros funcionales:

La memoria de diseño o proyecto incluirá todos los parámetros funcionales de la instalación necesarios para el dimensionado de la misma y, al menos, los siguientes:

- Potencia pico del panel fotovoltaico.
- Potencia nominal del aerogenerador.
- Tensión de trabajo del campo generador (fotovoltaico y/o eólico-fotovoltaico).
- Capacidad de acumulación de las baterías.
- Potencia del inversor.
- Intensidad del regulador.

Los parámetros referentes a la potencia pico del panel para las condiciones estándares de medida (CEM), serán justificados a través del pertinente certificado oficial del correspondiente laboratorio acreditado u organismo reconocido por la legislación española.

Dimensionado Básico:

Podrá utilizarse cualquiera de los métodos de cálculo aceptado por proyectistas, fabricantes e instaladores, con preferencia, fundamentalmente, por el aquí descrito.

A los efectos de esta Especificación, el dimensionado básico de la instalación se refiere a la selección de la potencia del campo generador. El método de cálculo especificará, para cada mes, los valores medios diarios de la demanda de energía, de la aportación del sistema solar, y el rendimiento de la instalación.

Asimismo, el método de cálculo incluirá las prestaciones globales anuales definidas por:

- Demanda de energía térmica total anual.
- Energía solar y/o eólica aportada total anual.
- Aportación renovable media anual (%).

Una vez realizada la selección de la superficie de colectores solares y la potencia del aerogenerador, serán definidos los aportes solares mensuales y anuales, para una curva de consumo correspondiente a dos valores de la carga de consumo de ± 30%, respecto al valor de consumo utilizado para el diseño.

Criterios de dimensionado de la instalación:

Atendiendo a la segmentación de las instalaciones descrita en el apartado 1.3, se considerarán los siguientes períodos de cálculo a efectos de dimensionado del campo generador: Seleccionado el período de cálculo para el dimensionado de la instalación, se procederá a elegir la inclinación de los paneles fotovoltaicos.

Instalaciones no conectadas a la red general de distribución:

El dimensionado de la instalación fotovoltaica tendrá presente la cobertura que se pretende obtener de la misma respecto del consumo total previsto en el mes de cálculo. Dicha cobertura será menor (aplicaciones mixtas en las que se incorporen aerogeneradores, existencia de generadores de energía eléctrica mediante combustibles convencionales como sistemas de apoyo o consumo de la red general de distribución) o igual que la unidad. La potencia del campo de paneles fotovoltaicos se establecerá como el producto del consumo diario total y la cobertura de la instalación solar prevista, partido por el producto de las horas pico del sol en el mes de cálculo y el rendimiento medio del panel definido en el apartado 4.2 de la presente Especificación.

El consumo diario total se calculará como el cociente del consumo de corriente alterna y el rendimiento del inversor, más el consumo de corriente continua dividido entre el rendimiento del regulador.

Los valores mínimos de rendimiento del inversor y regulador se establecen en los apartados 4.5 y 4.4 de la presente Especificación, respectivamente.

Se elegirá el número de módulos fotovoltaicos, de acuerdo a su potencia pico y voltaje de trabajo, dependiente del regulador e inversor seleccionados, necesarios para proporcionar la potencia calculada del campo de paneles, redondeándose el resultado del cálculo anterior al número de módulos inmediatamente superior.

Instalaciones conectadas a la red general de distribución:

En instalaciones conectadas a la red general de distribución, la potencia del campo de paneles se elegirá como el cociente entre la potencia que se pretende volcar a la red y el producto del rendimiento medio del módulo fotovoltaico por el rendimiento del inversor seleccionado (ver apartado 4.5 de la presente Especificación).

No obstante, el dimensionado de las instalaciones solares fotovoltaicas y eólico-fotovoltaicas no conectadas a la red general de distribución deberá cumplir, de manera obligatoria, las siguientes prestaciones mínimas, en horas de funcionamiento al año, en función del tipo de instalación considerada.

Dimensionado de componentes:

Acumulador

La capacidad de las baterías se dimensionará, para el voltaje de trabajo de campo de paneles (si la instalación incorpora aerogeneradores, éstos deberán trabajar al mismo voltaje que los módulos fotovoltaicos), de forma que proporcionen, al menos, 6 y 4 días (para instalaciones fotovoltaicas y eólico-fotovoltaicas, respectivamente) de autonomía a la instalación (para una capacidad de carga de las baterías de 100 h, C100).

A título orientativo, la capacidad de carga de una batería a 100 h es 1,25 veces de capacidad de carga a 20 h.

La capacidad de las mismas se obtendrá como el producto de los días de autonomía seleccionados y el consumo total diario (corriente continua dividido entre el rendimiento del regulador más el de alterna dividido por el rendimiento del inversor) mayorado en un 10%, dividido por el producto del voltaje del regulador y la profundidad de descarga máxima de la batería (apartado 4.3 de la presente Especificación). El resultado obtenido se refiere a C100.

Regulador:

La intensidad del regulador se dimensionará, para el voltaje del campo de paneles seleccionado, como el cociente entre la potencia, en Wp, del campo de paneles y el voltaje en el punto de máxima potencia del campo de paneles.

En el caso de que se instalen aerongeneradores, el dimensionado de su correspondiente regulador se realizará siguiendo las recomendaciones del fabricante o, en su defecto, con lo descrito para el campo de módulos fotovoltaicos considerando la potencia del aerogenerador en vez de la potencia pico del campo de paneles. En estos casos, se deberá configurar el campo de paneles de forma que trabajen al mismo voltaje que los aerogeneradores.

Inversor:

La potencia del inversor se dimensionará como el inmediatamente superior a la potencia pico máxima instantánea de todos los consumos en corriente alterna de la instalación. Seleccionada la potencia, se establecerá el voltaje de trabajo del inversor de entre los equipos comerciales existentes.

Deberá tenerse en cuenta que el inversor elegido sea capaz de arrancar y operar todas las cargas especificadas en la instalación, especialmente las de aquellos aparatos que requieren elevadas corrientes de arranque (TV, motores, bombas, etc.). El conexionado de los módulos fotovoltaicos y aerogeneradores deberá ser tal que el campo de paneles y aerogeneradores produzca la energía eléctrica al voltaje de trabajo del inversor calculado. Asimismo, dicho voltaje será aquél al que el regulador deba regular la carga de las baterías.

Cableado:

Para cualquier condición de trabajo, los conductores de la parte de corriente continua deberán tener la sección suficiente para que la caída de tensión sea inferior, incluyendo cualquier terminal intermedio, a los valores especificados a continuación (referidos a la tensión nominal continua del sistema):

- Caídas de tensión máxima entre generador y regulador/inversor: 3%.
- Caídas de tensión máxima entre regulador y batería: 1%.

- Caídas de tensión máxima entre inversor y batería: 1%.
- Caídas de tensión máxima entre regulador e inversor: 1%.
- Caídas de tensión máxima entre inversor/regulador y cargas: 3%.

D. Normativas de aplicación y referencia:

- REAL DECRETO 436 / 2004, de 12 de marzo. Por el que se establece la metodología para la actualización y sistematización del régimen jurídico y económico de la actividad de producción de energía eléctrica en régimen especial.

-REAL DECRETO 1663/2000, de 29 de septiembre, sobre conexión de instalaciones fotovoltaicas a la red de baja tensión.

Sistemas fotovoltaicos conectados a la red

Los paneles solar fotovoltaicos producen electricidad a partir de la radiación solar. La energía producida es enviada a la red eléctrica, pasando a través de una centralita eléctrica, cuyas funciones son convertir la corriente continua de los paneles a corriente alterna a 220V de acuerdo a las exigencias técnicas de la red e incorporando las protecciones de seguridad adecuadas. La energía inyectada queda reflejada en un contador, el cual definirá los ingresos a recibir por la electricidad inyectada.

De acuerdo a los Real Decreto 1663/2000 y 436/2004, cualquier persona puede realizar una instalación solar fotovoltaica en su vivienda o negocio y vender la electricidad producida a la compañía eléctrica que le corresponda, obteniendo con ello el pago de 0,41€ por kwh inyectado a la red en instalaciones de hasta 100 kw de potencia nominal. Esta prima se irá revalorizando en la medida en que lo haga el recibo de la luz, estando garantizado por ley que se recibirá una prima del 575 % sobre el precio de la electricidad consumida durante los primeros 25 años y un 460% en los años sucesivos.

Disposiciones:

En una instalación conectada a red, se inyecta a la red de distribución pública la totalidad de la electricidad generada por los módulos fotovoltaicos. Contribuye notablemente a incrementar la producción de electricidad sin contaminar el medio ambiente. La ventaja de este tipo de instalaciones es la simplicidad de las mismas, al desaparecer el uso de baterías para acumular energía. (El uso de baterías suele ser la parte más cara y compleja en las instalaciones fotovoltaicas).

El Real Decreto nº 2818/98, en vigor desde 1999, dice claramente que *es obligación de las empresas de electricidad comprar la electricidad producida con sistemas fotovoltaicos.*

La facturación (garantizada por ley durante 25 años) se produce en unas condiciones muy ventajosas: al 575% del precio de venta. *Los huertos solares,* son explotaciones fotovoltaicas ubicadas en un mismo lugar, que reportan importantes beneficios a los socios o cooperativistas que las gestionan. La corriente generada por los módulos fotovoltaicos, antes de ser inyectada a la red, debe reunir las mismas características que la corriente que circula por la red, además de cumplir unos requisitos de seguridad para evitar daños en la red o viceversa. Como los módulos fotovoltaicos producen corriente continua, ésta debe ser transformada en corriente alterna idéntica a la del punto de conexión. Esto es trabajo del convertidor o inversor, un elemento fundamental en este tipo de sistemas. Además, se suelen instalar otra serie de equipos como diferenciales y magnetotérmicos, cuya finalidad es la protección de la instalación.

Por último están los contadores: uno de entrada y otro de salida. El de entrada registra la energía que consumimos, mientras que el de salida registra la que generamos e inyectamos a la red para su venta.

Mantenimiento de instalaciones fotovoltaicas conectadas a la red:

El mantenimiento de los sistemas fotovoltaicos conectados a la red es mínimo, y de carácter preventivo; no tiene partes móviles sometidas a desgaste, ni requiere cambio de piezas ni lubricación. Entre otras cuestiones, se considera recomendable realizar revisiones periódicas de las instalaciones, para asegurar que todos los componentes funcionan correctamente.

Dos aspectos a tener en cuenta son, por un lado, asegurar que ningún obstáculo haga sombra sobre los módulos; y por el otro, mantener limpios los módulos fotovoltaicos, concretamente las caras expuestas al sol. Normalmente la lluvia ya se encarga de hacerlo, pero es importante asegurarlo.

Las "pérdidas" (lo que se deja de generar) producidas por la suciedad pueden llegar a ser de un 5%, y se pueden evitar con una limpieza con agua (sin agentes abrasivos ni instrumentos metálicos) después de muchos días sin llover, después de una lluvia de fango o de una nevada. (Es recomendable a la hora de limpiar los paneles, sobre todo en verano, que se haga fuera de las horas centrales del día, para evitar cambios bruscos de temperatura entre el agua y el panel). Es difícil pensar en una fuente de energía con un mantenimiento tan sencillo. Hay un aspecto sobre el que conviene alertar: la proximidad de chimeneas y, por tanto, la posible deposición de hollín sobre los paneles, que naturalmente disminuye el rendimiento. La experiencia demuestra que los sistemas fotovoltaicos conectados a la red tienen muy pocas posibilidades de avería, especialmente si la instalación se ha realizado correctamente y si se realiza un mantenimiento preventivo. Básicamente las posibles reparaciones que puedan ser necesarias son las mismas que cualquier aparato o sistema eléctrico, y que están al alcance de cualquier electricista autorizado. En muchos casos se pueden prevenir las averías, mediante la instalación de elementos de protección como los interruptores magnetotérmicos.

Seguridad este tipo de instalaciones:

En los sistemas fotovoltaicos conectados a la red resulta de aplicación el Reglamento Electrotécnico de Baja Tensión. Como en cualquier otro tipo de instalación eléctrica de baja tensión, existe la posibilidad de descarga eléctrica y/o cortocircuito. Aunque el riesgo es muy bajo, para evitarlo existen los dispositivos de protección que se montan en las instalaciones normales: magnetotérmicos, diferenciales, derivaciones a tierras, aislantes, etc. Los tejados fotovoltaicos no deben suponer un riesgo añadido, ni para las personas ocupantes del edificio, ni para la red eléctrica, ni para los equipos. Para prevenir riesgos, hay que tener en cuenta algunas medidas a adoptar, entre las que conviene destacar la importancia de la conexión a tierra de todos los elementos metálicos, como medida importante para la seguridad de las personas y porque muchas de las instalaciones existentes en la actualidad descuidan este aspecto. Asimismo, es importante proteger los equipos con las medidas adecuadas.

Por otro lado los generadores fotovoltaicos conectados a la red no conllevan la exigencia de instalar pararrayos, aunque como en cualquier otra instalación eléctrica ésta puede dañarse por la acción de los rayos. En este sentido, la instalación de conductores a tierra en los elementos externos puede contribuir a paliar el efecto electrostático de los rayos.

Duración de este tipo de instalaciones:

Nadie lo sabe con certeza. Las instalaciones más antiguas, de los años 60-70, aún están operativas. Una de las instalaciones más antiguas de Cataluña es la de Els Metges, CassÃ de la Selva, en Girona. Se instaló en 1974 y aún continúa produciendo energía. Son paneles de 33 Wp y que costaron aproximadamente unos 11,3 euros/Wp (1.880 ptas. /Wp).

Por lo general se considera que la vida de los módulos fotovoltaicos es de unos 25-30 años; de hecho, a menudo se encuentran en el mercado módulos con garantías de 10, 15 y 20 años. Sin embargo, la experiencia demuestra que en realidad estos componentes nunca (hasta ahora) dejan de generar electricidad, aunque con la edad las células fotovoltaicas reducen algo (muy poco) su rendimiento energético. Recuérdese que en general se trata de equipos fabricados para resistir todas las inclemencias del tiempo.

Modificar las condiciones iniciales de la instalación:

Desde el punto de vista técnico, la sencillez de diseño y el carácter modular de las instalaciones fotovoltaicas son buenos indicadores de versatilidad. Es posible aumentar la potencia de un sistema doméstico acoplando más paneles y adaptando a la nueva potencia el cableado y el inversor, aunque todo ello implica cambios en la instalación que requieren la revisión del contrato con la compañía distribuidora de electricidad. Y hasta puede mudarse de vivienda ya que es fácil de transportar y de reinstalar. Ahora bien, para vender electricidad será preciso suscribir un nuevo contrato y reiniciar el proceso de conexión a red.

Instalaciones actuales de este tipo:

Existen muchas instalaciones fotovoltaicas conectadas a la red, dentro y fuera de España. En España existen desde 1993 y contamos con grandes centrales como pueda ser la central solar fotovoltaica de Toledo de 1 MW o a la central solar de EHN en Tudela (Navarra), la mayor planta solar fotovoltaica de España por potencia instalada con 1,2 MWp e inaugurada en 2003.

Una de las primeras instalaciones en edificios fue la que Greenpeace instaló y conectó a la red en 1997: un generador fotovoltaico de 1 kWp en el Instituto Antoni Maura, en Palma de Mallorca, que dio origen a la Red de Escuelas Solares de Greenpeace (centenares de centros educativos interesados en disponer de energía solar). Decenas de estos centros ya están conectados al sol, gracias al proyecto "Solarízate", realizado en colaboración entre Greenpeace y el IDAE (ver www.solarizate.org). Asimismo, hay otros ejemplos con

144

bastantes años como la experiencia de la Fundación Terra (www.terra.org) o experiencias colectivas como las huertas solares de Aesol en Navarra (www.aesol.es) o el proyecto de Prosolmed (www.prosolmed.com). Además de estas grandes instalaciones, actualmente, se contabilizan hoy centenares de edificios que cuentan con sistemas fotovoltaicos en operación conectados a la red, sumando en total una potencia instalada de algo más de 8 MW a finales de 2003, que sumada a la potencia solar que está funcionando en instalaciones aisladas (sin conexión a red) suman apenas 25 MW, cifra muy baja si tenemos como objetivo el Plan de Fomento de las energías Renovables, que plantea 144 MW solares entre conexión a red y aislada. Al ritmo actual de instalación, tardaremos 40 años en alcanzar la meta, a pesar de que en nuestro territorio se produce el 8% de las células mundiales, con 60 MW fabricados en 2003, y teniendo una tasa de crecimiento en fabricación de un 25% anual. Esto es debido a que la mayor parte de los paneles construidos en España se destina a otros mercados en el extranjero. Otros ejemplos, a nivel internacional, puede ser la Villa Olímpica de los Juegos Olímpicos de Sydney 2000 que representó en su momento el mayor desarrollo solar fotovoltaico en el sector doméstico del mundo.

AUTOEVALUACIÓN

Instalaciones energía solar fotovoltaica: Aplicaciones de la energía solar fotovoltaicas. Componentes de una instalación fotovoltaica. Dimensionado de instaladores solares fotovoltaicas. Sistemas fotovoltaicos conectados a la red.

---

1. La energía solar fotovoltaica consiste en el aprovechamiento y transformación de la energía luminosa que recibimos del sol en energía eléctrica, mediante células compuestas por materiales semiconductores, que al contacto con la luz, producen pequeñas corrientes eléctricas. A este fenómeno se le conoce como:
   a) Fenómeno eléctrico
   b) Efecto magnético
   c) Ley de Ohm
   d) Ley de Joule
   e) Efecto fotovoltaico

2. Existen 2 tipos de sistema de Instalaciones solares fotovoltaicas:
   a) Instalaciones solares aisladas de la red
   b) Instalaciones solares aisladas de la instalación
   c) Instalaciones solares conectadas a las células
   d) Instalaciones solares conectadas a la red
   e) a y d son correctas

3. Qué define el siguiente enunciado: Son aquellas instalaciones donde los Paneles Solares transforman la radiación solar en corriente eléctrica y la envían a unos acumuladores eléctricos especiales. Entren ambos se intercala un Regulador de Carga, que protege a los acumuladores y automatiza el servicio. Mediante un Convertidor de voltaje es posible el uso de electrodomésticos a 220V.
   a) Instalaciones solares aisladas de la red
   b) Instalaciones eléctricas conectadas a la red
   c) Instalaciones solares conectadas a un regulador de

voltaje
d) Instalaciones solares aisladas de las células
e) Ninguna es correcta

4. En instalaciones solares aisladas de la red, un regulador protegerá los acumuladores de descargas o cargas excesivas. La corriente que generan los paneles es corriente continua de:
a) 380/360 V
b) 220/230 V
c) 110/120 V
d) 50/60 V
e) 12/24 V

5. En instalaciones solares aisladas de la red, si la corriente que generan los paneles quisiéramos usarla normalizada a 220-230V corriente alterna, necesitaremos un:
a) Receptor.
b) Inversor o convertidor.
c) Emisor
d) Colector
e) Transformador

6. Las instalaciones solares que producen electricidad para inyectarla a la red pública, se denominan:
a) Instalaciones de baja tensión
b) Instalaciones de alta tensión
c) Instalaciones electrónicas
d) Instalaciones aisladas de la red
e) Instalaciones conectadas a la red

7. ¿Cuál definición corresponde a: Aplicaciones de instalaciones solares fotovoltaicas?
a) Electrificación de viviendas
b) Sistemas de bombeo y riego
c) Iluminación de carreteras
d) Repetidoras de radio y televisión
e) Todas son correctas

8. ¿Dentro de la aplicación de la Instalación fotovoltaica, a que se denomina Bombeos solares?

a) La alimentación eléctrica de sistemas de bombeo de aire
b) La alimentación eléctrica de sistemas de bombeo de combustible
c) La alimentación eléctrica de sistemas de bombeo de aceite
d) La alimentación eléctrica de sistemas de bombeo de agua
e) La alimentación eléctrica de sistemas de bombeo de hidrógeno

9. Dentro de los bombeos solares hay un elemento importante, señalar el correcto:
a) Bomba aérea
b) Depósito
c) Bomba sumergible
d) Baterías
e) b y c son correctas

10. En la aplicación de instalaciones fotovoltaicas como se denominan las luminarias empleadas para el alumbrado público.
a) Lámparas fotovoltaicas
b) Columnas fotovoltaicas
c) Farolas fotovoltaicas
d) Soporte fotovoltaicos
e) Ninguna es correcta

11. En aplicación de instalaciones fotovoltaicas, para el transporte de vacunas en el desierto:
a) Equipo de frío
b) Equipo de hielo
c) Equipo de refrigerio
d) Equipo móvil
e) Equipo de refrigeración móvil

12. ¿En cuántos circuitos pueden dividirse las instalaciones fotovoltaicas?

a) Corriente alterna y corriente continua
b) Corriente variable y corriente lineal
c) Corriente angular y corriente solar
d) Corriente acumulada y corriente discontinua
e) Corriente básica y corriente superior

13. Señalar el elemento que no corresponda a las partes del sistema fotovoltaico:

a) Paneles
b) Baterías solares
c) Reguladores
d) Inversores
e) Todas son correctas

14. ¿Cuántas calidades de paneles existen?

a) Una
b) Dos
c) Tres
d) Cuatro
e) Cinco

15. Los reguladores conectan el campo fotovoltaico con:

a) Las baterías
b) Los paneles
c) La estructura
d) El voltímetro
e) Ninguna es correcta

16. El regulador monitorea constantemente:

a) La tensión de batería
b) La intensidad de los paneles
c) La resistencia de la carga
d) La carga aplicada
e) Todas son correctas

17. Los inversores convierten la corriente continua (generada por el campo fotovoltaico) en corriente:
   a) Discontinua
   b) Alterna
   c) Moderada
   d) Cíclica
   e) Mixta

18. ¿Cuántos tipos de inversores existen?
   a) Uno
   b) Tres
   c) Cinco
   d) Dos
   e) Diez

19. ¿Cuál de los siguientes no corresponde al grupo de parámetros necesarios para el dimensionado?
   a) Condiciones de Uso: Consumo/Demanda energética
   b) Climatología: Radiación disponible
   c) Experiencia: Montaje de instalaciones
   d) Parámetros funcionales: Características energéticas del colector
   e) Todas son correctas

20. Señalar el Real Decreto correspondiente a Conexión de instalaciones fotovoltaicas a la red de baja tensión.
   a) REAL DECRETO 1663/2000, de 29 de septiembre
   b) REAL DECRETO 1660/2000, de 29 de septiembre
   c) REAL DECRETO 1662/2000, de 29 de septiembre
   d) REAL DECRETO 1664/2000, de 29 de septiembre
   e) REAL DECRETO 1661/2000, de 29 de septiembre

21. ¿Cuál es la potencia instalada en energía (MWp) fotovoltaica del año 2000, en Andalucía?
   a) 2,5
   b) 1,2
   c) 3,7
   d) 4
   e) 7,8

22. Qué sistema fotovoltaico describe el siguiente enunciado: En una instalación solar se inyecta a la red de distribución pública la totalidad de la electricidad generada por los módulos fotovoltaicos.

a) Instalación conectada a red
b) Instalaciones aisladas de la red
c) Instalaciones eléctricas domiciliarias
d) Instalaciones industriales
e) Ninguna es correcta

23. El Mantenimiento de instalaciones fotovoltaicas conectadas a la red tiene:

a) Muchas averías
b) Demasiados fallos
c) Pocas averías
d) Ninguna avería
e) Todas son correctas

SOLUCIONARIO

1. e) Efecto fotovoltaico
2. e) a y d son correctas
3. a) Instalaciones solares aisladas de la red
4. a) 12/24 V
5. b) Inversor o convertidor.
6. e) Instalaciones conectadas a la red
7. e) Todas son correctas
8. d) La alimentación eléctrica de sistemas de bombeo de agua
9. e) b y c son correctas
10. c) Farolas fotovoltaicas
11. e) Equipo de refrigeración móvil
12. a) Corriente alterna y corriente continua
13. e) Todas son correctas
14. c) Tres
15. a) Las baterías
16. a) La tensión de batería
17. b) Alterna
18. d) Dos
19. c) Experiencia: Montaje de instalaciones
20. a) REAL DECRETO 1663/2000, de 29 de septiembre
21. c) 3,7
22. a) Instalación conectada a red
23. c) Pocas averías

Mantenimiento de máquinas: Transformadores. Pilas y acumuladores. Maquinas eléctricas rotativas de corriente continua: Generadores y motores. Maquinas eléctricas rotativas de corriente alterna: Generadores y motores.

Mantenimiento de máquinas. Transformadores

Mantenimiento de máquinas

La labor del departamento de mantenimiento, está relacionada muy estrechamente en la prevención de accidentes y lesiones en el trabajador ya que tiene la responsabilidad de mantener en buenas condiciones, la maquinaria y herramienta, equipo de trabajo, lo cual permite un mejor desenvolvimiento y seguridad evitando en parte riesgos en el área laboral.

El mantenimiento incide en:

- Costos de producción.

- Calidad del producto servicio.

- Capacidad operacional (aspecto relevante dado el ligamen entre

- Competitividad y por citar solo un ejemplo, el cumplimiento de plazos de entrega).

- Capacidad de respuesta de la empresa como un ente organizado e integrado: por ejemplo, al generar e implantar soluciones innovadoras y manejar oportuna y eficazmente situaciones de cambio.

- Seguridad e higiene industrial, y muy ligado a esto.

- Calidad de vida de los colaboradores de la empresa.

- Imagen y seguridad ambiental de la compañía.

Objetivos del Mantenimiento

El diseño e implementación de cualquier sistema organizativo y su posterior informatización debe siempre tener presente que está al servicio de unos determinados objetivos. Cualquier sofisticación del sistema debe ser contemplada con gran prudencia en evitar, precisamente, de que se enmascaren dichos objetivos o se dificulte su consecución.

En el caso del mantenimiento su organización e información debe estar encaminada a la permanente consecución de los siguientes objetivos

- Optimización de la disponibilidad del equipo productivo.
- Disminución de los costos de mantenimiento.
- Optimización de los recursos humanos.
- Maximización de la vida de la máquina

Criterios de la Gestión del Mantenimiento

Es un servicio que agrupa una serie de actividades cuya ejecución permite alcanzar un mayor grado de confiabilidad en los equipos, máquinas, construcciones civiles, instalaciones.

- Evitar, reducir, y en su caso, reparar, las fallas sobre los bienes precitados.
- Disminuir la gravedad de las fallas que no se lleguen a evitar.
- Evitar detenciones inútiles o para de máquinas.
- Evitar accidentes.
- Evitar incidentes y aumentar la seguridad para las personas.
- Conservar los bienes productivos en condiciones seguras y preestablecidas de operación.

- Balancear el costo de mantenimiento con el correspondiente al lucro cesante.

- Alcanzar o prolongar la vida útil de los bienes.

El mantenimiento adecuado, tiende a prolongar la vida útil de los bienes, a obtener un rendimiento aceptable de los mismos durante más tiempo y a reducir el número de fallas.

Clasificación de las Fallas

Fallas Tempranas

Ocurren al principio de la vida útil y constituyen un porcentaje pequeño del total de fallas. Pueden ser causadas por problemas de materiales, de diseño o de montaje.

Fallas adultas

Son las fallas que presentan mayor frecuencia durante la vida útil. Son derivadas de las condiciones de operación y se presentan más lentamente que las anteriores (suciedad en un filtro de **aire**, cambios de rodamientos de una máquina, etc.).

Fallas tardías

Representan una pequeña fracción de las fallas totales, aparecen en forma lenta y ocurren en la etapa final de la vida del bien (envejecimiento de la aislación de un pequeño motor eléctrico, perdida de flujo luminoso de una lámpara, etc.

Tipos de Mantenimiento (Figura 1)

Mantenimiento para Usuario

En este tipo de mantenimiento se responsabiliza del primer nivel de mantenimiento a los propios operarios de máquinas.

Es trabajo del departamento de mantenimiento delimitar hasta donde se debe formar y orientar al personal, para que las intervenciones efectuadas por ellos sean eficaces.

Mantenimiento correctivo

Es aquel que se ocupa de la reparación una vez se ha producido el fallo y el paro súbito de la máquina o instalación. Dentro de este tipo de mantenimiento podríamos contemplar dos tipos de enfoques:

Mantenimiento paliativo o de campo (de arreglo)

Este se encarga de la reposición del funcionamiento, aunque no quede eliminada la fuente que provoco la falla.

Mantenimiento curativo (de reparación)

Este se encarga de la reparación propiamente pero eliminando las causas que han producido la falla.

Suelen tener un almacén de recambio, sin control, de algunas cosas hay demasiado y de otras quizás de más influencia no hay piezas, por lo tanto es caro y con un alto riesgo de falla.

Mientras se prioriza la reparación sobre la gestión, no se puede prever, analizar, planificar, controlar, rebajar costos.

Mantenimiento Preventivo

Este tipo de mantenimiento surge de la necesidad de rebajar el correctivo y todo lo que representa. Pretende reducir la reparación mediante una rutina de inspecciones periódicas y la renovación de los elementos dañados, si la segunda y tercera no se realizan, la tercera es inevitable.

Características

Parámetros: consiste en programar revisiones de los equipos, apoyándose en el conocimiento de la máquina en base a la experiencia y los históricos obtenidos de las mismas. Se confecciona un plan de mantenimiento para cada máquina, donde se realizaran las acciones necesarias, engrasan, cambian correas, desmontaje, limpieza, etc.

Mantenimiento Predictivo

Este tipo de mantenimiento se basa en predecir la falla antes de que esta se produzca. Se trata de conseguir adelantarse a la falla o al momento en que el equipo o elemento deja de trabajar en sus condiciones óptimas. Para conseguir esto se utilizan herramientas **y** técnicas **de** monitores de parámetros físicos.

Mantenimiento Productivo Total (T.P.M.)

Mantenimiento productivo total es la traducción de TPM (Total Productive Maintenance). El TPM es el sistema Japonés de mantenimiento industrial la letra M representa **acciones** de MANAGEMENT y Mantenimiento. Es un enfoque de realizar actividades de dirección y transformación de empresa. La letra P está vinculada a la palabra "Productivo" o "Productividad" de equipos pero hemos considerado que se puede asociar a un término con una visión más amplia como "Perfeccionamiento" la letra T de la palabra "Total" se interpreta como "Todas las actividades que realizan todas las personas que trabajan en la empresa".

Método Implementación Gestión Mantenimiento

Análisis situación actual / definir política de mantenimiento / establecer y definir grupo piloto para realización de pruebas / recopilar y ordenar datos grupo piloto / procesar información / analizar resultados / readaptación del sistema / mejora continua / ampliar gestión o más grupo.

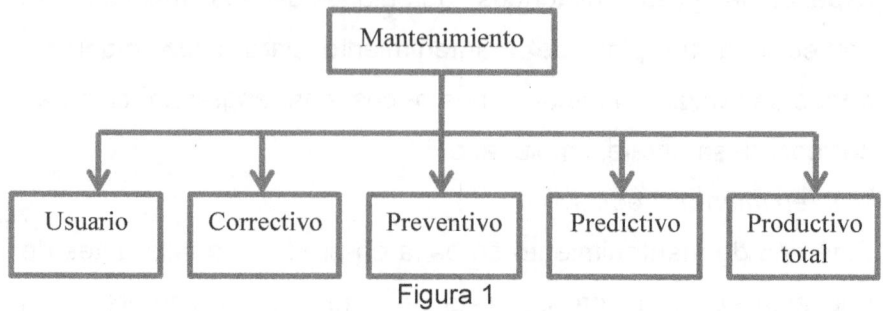

Figura 1

Transformadores

Introducción

Los transformadores de corriente y los transformadores de voltaje son unas herramientas de gran importancia para la humanidad, ya que son estas las que regulan las diferencias de potencial y las diferencias de corrientes que existen en las diferentes líneas de energía. Los transformadores son utilizados en una gran variedad lugares, van desde la industria más moderna y grande, hasta la casa o el cargador de un celular utilizado a diario en casa.

El fundamento del transformador. Inducción mutua y autoinducción:

En sus primeras experiencias sobre el fenómeno de la inducción electromagnética Faraday no empleó imanes, sino dos bobinas arrolladas una sobre la otra y aisladas eléctricamente. Cuando variaba la intensidad de corriente que circulaba por una de ellas, se generaba una corriente inducida en la otra. Este es, en esencia, el fenómeno de la *inducción mutua,* en el cual el campo magnético es producido no por un imán, sino por una corriente eléctrica. La variación de la intensidad de corriente en una bobina da lugar a un campo magnético variable. Este campo magnético origina un flujo magnético también variable que atraviesa la otra bobina e induce en ella, de acuerdo con la ley de Faraday-Henry, una fuerza electromotriz. Cualquiera de las bobinas del par puede ser el elemento inductor y cualquiera el elemento inducido, de ahí el calificativo de mutua que recibe este fenómeno de inducción. El fenómeno de la *autoinducción,* como su nombre indica, consiste en una inducción de la propia corriente sobre sí misma. Una bobina aislada por la que circula una corriente variable puede considerarse atravesada por un flujo también variable debido a su propio campo magnético, lo que dará lugar a una fuerza electromotriz autoinducida. En tal caso a la corriente inicial se le añadirá un término adicional correspondiente a la inducción magnética de la bobina sobre sí misma. Todas las bobinas en circuitos de corriente alterna presentan el fenómeno de la autoinducción, ya que soportan un flujo magnético variable; pero dicho fenómeno, aunque de forma transitoria, está presente también en los circuitos de corriente continua. En los instantes en los que se cierra o se abre el interruptor, la intensidad de corriente varía desde cero hasta un valor constante o viceversa. Esta variación de intensidad da lugar a un fenómeno de autoinducción de duración breve, que es responsable de la chispa que se observa en el interruptor al abrir el circuito; dicha chispa es la manifestación de esa corriente adicional autoinducida.

¿Qué es un transformador?

El Transformador es un dispositivo eléctrico que consta de una bobina de cable situada junto a una o varias bobinas más, y que

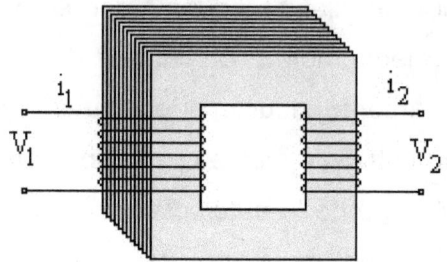

se utiliza para unir dos o más circuitos de corriente alterna (CA) aprovecha el efecto de inducción entre las bobinas. La bobina conectada a la fuente de energía se llama

bobina primaria. Las demás bobinas reciben el nombre de bobinas secundarias. Un transformador cuyo voltaje secundario sea superior al primario se llama transformador elevador. Si el voltaje secundario es inferior al primario este dispositivo recibe el nombre de transformador reductor. El producto de intensidad de corriente por voltaje es constante en cada juego de bobinas, de forma que en un transformador elevador el aumento de voltaje de la bobina secundaria viene acompañado por la correspondiente disminución de corriente. Los transformadores se utilizan hasta en casa, en donde es necesario para aumentar o disminuir el voltaje que esta impartido por la compaña que está distribuyendo la electricidad a estas, además sirve para resolver muchos problemas eléctricos.

Transformadores de Potencia

Dispositivos de gran tamaños utilizados para la generación de energía y también el transporte de la electricidad a diferentes escalas, tanto grandes como para pequeños dispositivos. Los transformadores de potencia industriales y domésticos, que operan a la frecuencia de la red eléctrica, pueden ser monofásicos o trifásicos y están diseñados para trabajar con voltajes y corrientes elevados. Para que el transporte de energía resulte rentable es necesario que en la planta productora de electricidad un transformador eleve los voltajes, reduciendo con ello la intensidad. Las pérdidas ocasionadas por la línea de alta tensión son proporcionales al cuadrado de la intensidad de corriente por la resistencia del conductor. Por tanto, para la transmisión de energía eléctrica a larga distancia se utilizan voltajes elevados con intensidades de corriente reducidas. En el extremo receptor los transformadores reductores reducen el voltaje, aumentando la intensidad, y adaptan la corriente a los niveles requeridos por las industrias y las viviendas, normalmente alrededor de los 240 voltios. Los transformadores de potencia deben ser muy eficientes y deben disipar la menor cantidad posible de energía en forma de calor durante el proceso de transformación. Las tasas de eficacia se encuentran normalmente por encima del 99% y se obtienen utilizando aleaciones especiales de acero para acoplar los campos magnéticos inducidos entre las bobinas primaria y secundaria. Una disipación de tan sólo un 0,5% de la potencia de un gran transformador genera enormes cantidades de calor, lo que hace necesario el uso de dispositivos de refrigeración. Los transformadores de potencia convencionales se instalan en contenedores sellados que disponen de un circuito de refrigeración que contiene aceite u otra sustancia. El aceite circula por el transformador y disipa el calor mediante radiadores exteriores.

Aplicación

Esto puede ser utilizados para los elevadores, primero hay que saber cómo se fabrica esto. Bueno primero se consigue que se ubique el núcleo del hierro haya dos bobinas o arrollamiento, el primario y el secundario, tales que hagan su trabajo que aumente o disminuya su tensión así para adquirir la tensión deseada.

Transformadores eléctricos

La inducción ocurre solamente cuando el conductor se mueve en ángulo recto con respecto a la dirección del campo magnético. Este movimiento es necesario para que se produzca la inducción, pero es un movimiento relativo entre el conductor y el campo magnético. De esta forma, un campo magnético en expansión y compresión puede crearse con una corriente a través de un cable o un electroimán. Dado que la corriente del electroimán aumenta y se reduce, su campo magnético se expande y se comprime (las líneas de fuerza se mueven hacia adelante y hacia atrás). El campo en movimiento puede inducir una corriente en un hilo fijo cercano. Esta inducción sin movimiento mecánico es la base de los transformadores eléctricos. Un transformador consta normalmente de dos bobinas de hilo conductor adyacentes, enrolladas alrededor de un solo núcleo de material magnético. Se utiliza para acoplar dos o más circuitos de corriente alterna empleando la inducción existente entre las bobinas.

Diferentes tipos de Transformadores

Aquí hay varios dibujos de diferentes transformadores y hay para diferentes capacidades, dependiendo de la necesidad entonces

Tipo Poste

- 10 KVA - 500 KVA
- Nuevos, reconstruidos, y reacondicionados

Tipo Pedestal

- 10 KVA en adelante
- Nuevos, reconstruidos, y reacondicionados

Tipo Estación

- 500 KVA -100 MVA
- Nuevos, reconstruidos, y reacondicionados

Tipo Transformadores Secos

- Nuevos y reacondicionados

El aislamiento eléctrico entre los devanados de un transformador viene a ser la capacidad que tiene el transformador de soportar diferencias de tensión altas, sobre todo, entre el primario y el secundario. La ventaja de disponer de un buen aislamiento. La protección y seguridad del circuito conectado al secundario, si el primario se enchufa a la red eléctrica. Supone, además, una seguridad para el usuario. El efecto que produce una elevada densidad de corriente sobre un conductor. Se origina un cierto calentamiento del mismo, así como una caída de tensión producida por la resistencia del hilo o cable. Frecuencias audibles por los seres humanos. En general se escucharan las comprendidas entre 20 y 20 000 ciclos por segundo, aunque la banda audible exacta depende totalmente del oído de cada individuo. Lo normal para un oído de una persona madura es de 30 a 15.000 ciclos por segundo. Frecuencia Intermedia de un receptor. Son las etapas amplificadoras situadas después del paso mezclador en el que se produce la heterodinación o mezcla de la señal recibida con la generada por el oscilador local.

Transformador trifásico

Un sistema trifásico se puede transformar empleando 3 transformadores monofásicos. Los circuitos magnéticos son completamente independientes, sin que se produzca reacción o interferencia alguna entre los flujos respectivos. Otra posibilidad es la de utilizar un solo transformador trifásico compuesto de un único núcleo magnético en el que se han dispuesto tres columnas sobre las que sitúan los arrollamientos primario y secundario de cada una de las fases, constituyendo esto un transformador trifásico como vemos a continuación.

Transformador Trifásico

Gracias a los transformadores se han podido resolver una gran cantidad de problemas eléctricos, en los cuales si no fuera por estos, sería imposible resolver. Los transformadores de corriente y de voltaje han sido y son el milagro tecnológico por el cual los electrodomésticos, las maquinas industriales, y la distribución de energía eléctrica se ha podido usar y distribuir a las diferentes ciudades del mundo, desde las plantas generadoras de electricidad, independientemente de la generadora.

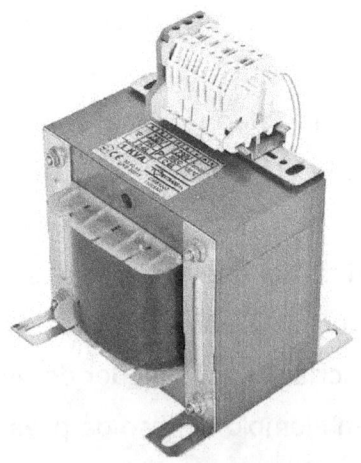

Transformador monofásico

Pilas y acumuladores

Introducción

Hay dos maneras de producir electricidad para aplicarla a usos prácticos: bien mediante máquinas llamadas dínamos o generadores de corriente eléctrica, cuando se trata de un consumo apreciable para instalaciones fijas; o bien mediante el empleo de baterías de pilas secas o de acumuladores, si se trata de aparatos portátiles o vehículos automóviles. Una pila transforma la energía química en energía eléctrica; parte de esa energía química se transforma en calor (energía calorífica) y el resto en corriente eléctrica. Existen dos clases de pilas: la primaria, cuya carga no puede renovarse cuando se agota, excepto reponiendo las sustancias químicas de que está compuesta, y la secundaria, que sí es susceptible de reactivarse sometiéndola al paso más o menos prolongado de una corriente eléctrica continua, en sentido inverso a aquél en que la corriente de la pila fluye normalmente. La pila seca común que se emplea, por ejemplo, en las lámparas portátiles es una pila primaria. Es un error común llamar batería a una sola pila, sea primaria o secundaria. La batería eléctrica consiste en una serie integrada de pilas, o acumuladores. El acumulador es un conjunto de dos o más pilas secundarias, así que el tipo que se usa para poner en marcha un motor de un automóvil viene a ser por tanto una batería eléctrica sencilla. El acumulador de automóvil, por lo que dura, ofrece un buen ejemplo del uso de pilas secundarias. En la fabricación de una pila primaria se pueden emplear diversas sustancias químicas, pero el principio que rige su funcionamiento será siempre el mismo. Así en la pila primaria, hay dos metales diferentes, o bien un metal y carbón (estos elementos son designados *electrodos*), y un líquido, denominado *electrolito.* Uno de estos elementos llamado el cátodo, o sea el polo negativo, es generalmente de cinc; el positivo, denominado ánodo, es casi siempre de carbón. Las reacciones químicas que tienen lugar, hacen que el cátodo se disuelva poco a poco en el electrolito, lo cual pone en libertad a electrones que, de encontrar un conductor o sistema que conecte a ambos electrodos, por donde puedan circular, producen una corriente eléctrica.

Origen de la Pila Voltaica:

En 1780 Luis Galvani, profesor de anatomía de la Universidad de Bolonia, Italia, al realizar un experimento, observó que las ancas de una rana recién muerta se crispaban y pataleaban al tocárselas con dos barras de metales diferentes. La explicación del fenómeno la dio poco tiempo después Alejandro Volta, profesor de física de la Universidad de Pavía, Italia, quien descubrió que la causa de tales movimientos crispantes de las ancas de la rana se hallaban en el paso de una corriente eléctrica producida por los dos metales diferentes; investigó como producir electricidad por reacciones químicas y en 1800, después de una amplia experimentación, inventó un dispositivo que se conoce como pila voltaica. Colocó una serie de pequeñas placas de cinc y plata, en pares, una arriba de la otra, separando cada par de placas por una tela humedecida con agua salada; el conjunto produjo una corriente eléctrica y fue este el origen de la primera pila eléctrica. Pronto la perfeccionó reemplazándola por una pila de dos elementos; cobre y cinc, sumergidos en una solución de ácido sulfúrico contenida en un recipiente. En esta sencilla forma de pila primaria, las placas de cinc y de cobre están separadas por el electrolito. Si se conectan con un alambre, la corriente eléctrica fluye a través del conductor, pero tan pronto como el circuito se interrumpe porque el alambre se desconecta, deja de fluir. Esta pila no dura indefinidamente, ya que el ácido sulfúrico ataca al cinc, y cuando éste se consume, la pila se agota. Para reactivarla, será necesario reponer la placa de cinc y el ácido del electrolito. Debido a las reacciones químicas que tienen lugar dentro de la pila, se desprenden pequeñas burbujas de hidrógeno que se adhieren al electrodo de cobre y forman una capa aislante; cuando esto sucede, la corriente no pasa y se dice que la pila está polarizada. Para eliminar este inconveniente, se agregan ciertas sustancias químicas que se combinan con el hidrógeno y evitan los efectos polarizantes. En tiempos pasados se usaron diversos tipos de pilas primarias para el funcionamiento de aparatos telefónicos, telegráficos, alarmas contra incendios, y otros sistemas de señales. En la actualidad, excepto en lugares sumamente alejados, la corriente eléctrica para estos fines se obtiene ya casi siempre directamente de las líneas de transmisión.

Tipos de pila: Clasificación:

Las pilas se pueden dividir en dos tipos principales de estas, primarias o secundarias. Una pila primaria produce energía consumiendo algún químico que esta contiene. Cuando este se agota, la pila ya no produce más energía y debe ser reemplazada. Por ejemplo en este grupo encontramos a las pilas de zinc–carbono. Las pilas secundarias, o pilas de almacenamiento, obtienen su energía transformando alguno de sus químicos en otro tipo de químicos. Cuando el cambio es total, la pila ya no produce más energía. Sin embargo, esta puede ser recargada mandando una corriente eléctrica de otra fuente a través de ella para así poder volver a los químicos a su estado original. Un ejemplo de este grupo es la batería de auto o pila de ácido–plomo. Nombrando los tipos de pilas debemos mencionar las pilas experimentales, estas aunque aún se pueden clasificar en alguno de estos dos grupos, deben mencionarse aparte ya que son hechas a pedido y responden a necesidades específicas. Por ejemplo, una pila que deba alimentar a radiotransmisor en una región montañosa en una central autónoma, este tipo de pilas debería poder soportar grandes periodos de tiempo, ser muy confiable y probablemente soportar temperaturas extremas. O el claro ejemplo de las pilas usadas en los transbordadores espaciales ya que estas no pueden ser reemplazadas luego del lanzamiento.

Pilas primarias:

−Sistema de dióxido de Zinc−Manganeso: Este es el tipo más usado de pilas en el mundo. Sus usos típicos son, linternas, juguetes, walkman, etc. Hay tres variantes para este tipo de pila: la pila Leclanché, la pila de cloruro de zinc, y la pila alcalina. Todas entregan un voltaje inicial de 1.58 a 1.7 volts, el cual declina con el uso hasta un punto de 0.8 volts aprox. La pila Leclanché es la más económica de estas, fue inventada en 1866 por un ingeniero francés (la pila lleva su nombre Charles Leclanché). Se convirtió en un éxito instantáneo debido a sus constituyentes de bajo presupuesto. El ánodo de este tipo de pila es una hoja de aleación de zinc, esta aleación contiene pequeñas cantidades de; plomo, cadmio y mercurio. El electrolito consiste en una solución acuosa y saturada de cloruro de amonio conteniendo 20% de cloruro de zinc. El cátodo está compuesto de dióxido de manganeso impuro, mezclado con carbón granulado, para creas un cátodo húmedo con un electrodo de carbón. Aunque fue patentada en 1899 la pila de cloruro de zinc es realmente una adaptación moderna a la pila de Leclanché. La gran diferencia está en que gracias a sellados de plástico esta pila ha podido terminar con el uso de cloruro de amonio. También el dióxido de manganesos de alta pureza. Este tipo de pila tiene una más larga duración que la pila de Leclanché. También está pila puede traer confiabilidad satisfactoria sin usar mercurio en la aleación de zinc. La más alta densidad energética (watts por cm. cúbico) de las pilas de zinc-manganeso se puede encontrar en pilas con un electrolito alcalino el cual permite una construcción completamente distinta al resto de su tipo. Estas estuvieron disponibles comercialmente durante la década de los 50. El cátodo de un dióxido-grafito de manganeso muy puro y un ánodo de una aleación de zinc enriquecida son asociados con un electrolito de hidróxido de potasio y puesto en una lata de acero. Aunque el mercurio contenido en la aleación de zinc solía ser de hasta un 6 a 8 por ciento, actualmente se ha logrado reducir este índice a un impresionante 0.15%, para así poder reducir el impacto ambiental que estas producen. Está de más decir que este tipo de pila es altamente superior a ambas de las descritas anteriormente.

-*Pilas de dióxido de manganeso-magnesio*: Este sistema funciona bien para aplicaciones especializadas. Se parece mucho a la pila de cloruro de zinc pero tiene 0.3 volts más por pila. Las pilas de dióxido de manganeso-magnesio tienen una larga vida, alta densidad energética, son livianas las cuales las hacen ideales para el uso de pilas para el poder de los radiotransmisores de las radios militares. Una desventaja de este tipo de pila es su funcionamiento en bajas temperaturas.

-Pilas de mercurio con óxido-zinc: Este sistema ocupa un electrolito alcalino. Ha sido largamente usada para el uso en pilas botón o las comúnmente usadas para relojes etc. Tienen una densidad energética de aproximadamente 4 veces más que las pilas de zinc-manganeso. Es muy confiable y da casi siempre 1.35 volts, y gracias a esto se usa como una pila de referencia.

-Pilas de plata con óxido-zinc: Otra pila de tipo alcalina. Esta pila exhibe un cátodo de óxido de plata y un ánodo de polvo de zinc. Debido a que puede relativamente soportar altas cargas y tiene una casi constante, 1.5 volts de producción, este tipo de pila también es usado frecuentemente en relojes etc. También podemos encontrarla en algunos torpedos de uso militar, debido a su gran fiabilidad y capacidad.

-Pilas de Litio: El área de investigación de las pilas que ha atraído más la investigación en los últimos años ha sido el área de las pilas con un ánodo de litio. Debido a su alta actividad química se deben usar electrolitos no acuosos como por ejemplo sales cristalinas. Se han hecho pilas que no tienen separación alguna entre el ánodo y el cátodo líquido, algo imposible con pilas de sistema acuoso. Una capa protectora se forma automáticamente en el litio, pero esta se rompe en la descarga permitiendo voltajes cercanos a los 3.6 volts. Esto permite una gran densidad energética. Sus usos varían desde la aeronáutica, marcapasos a cámaras automáticas.

-Pilas de sulfuro Litio-hierro: Estas pilas en porte miniatura ofrecen grandes capacidades y bajo costo. En operaciones que

requieren de 1.5 a 1.8 volts, estas pueden ser un substituto a algunos tipos de pilas alcalinas.

−*Pilas de dióxido de litio−manganeso*: Estas poco a poco van ganando aceptación. Tienen un voltaje de 2.8 volts, una alta densidad energética y un costo bajo dentro de las pilas de litio.

−*Pilas de monofluoruro de litio−carbono*: Estas han sido una de las pilas de litios más comercialmente exitosas, de larga vida, alta densidad energética, buena adaptación a temperaturas y con un voltaje de 3.2 volts. Sin embargo, el costo de monofluoruro de carbono es alto.

−*Pilas de Litio−thionyl (lithium−thionyl):* este tipo de pila provee la más alta densidad energética disponible comercialmente. El cloruro de thionyl no sirve solo como un solvente del electrolito sino que también como material del cátodo. Su funcionamiento es impresionante, ya sea a temperatura ambiente o hasta −54 grados Celsius, por muy debajo del punto donde sistemas líquidos dejan de funcionar. Su uso va de equipos militares, vehículos aeroespaciales hasta los famosos beepers.

−*Pilas de dióxido de litio−sulfuro*: Este tipo de pila ha sido extensivamente usado en los sistemas de energía de emergencia de muchos aviones entre otros usos. El cátodo consiste en un gas bajo presión con otro químico como electrodo salino; muy parecido al funcionamiento del sistema anterior. Este sistema funciona increíblemente bien, pero se ha encontrado que a veces luego de su uso en frío libera gases tóxicos tales como dióxido de sulfuro.

-*Pilas de aire-depolarizado*: Una manera muy práctica de obtener alta densidad energética es usar el oxígeno en el aire como liquido del material del cátodo. Si es juntado con un ánodo tal como el zinc, larga vida a bajo costo, pueden ser obtenidos. La pila, eso sí, debe ser construida de manera tal de que el oxígeno no entre en contacto con el ánodo, el cual atacaría.

-*Pilas de zinc-aire*: El diseño y principio de estas pilas es relativamente simple, pero su construcción no lo es, ya que el electrodo de aire debe ser extremadamente delgado. Se han hecho muchos estudios y grandes avances se han hecho en el aire del sellado del aire y la optimización de este tipo de pilas.

-*Pilas de aluminio-aire*: Estas no han tenido una gran aceptación comercial, pero su pequeñísimo peso y su gran densidad energética potencial han hecho que grandes estudios se hayan llevado a cabo en esta área, tales como prolongar la vida de esta pila entre otros. Si estos problemas son resueltos podríamos ver grandes aplicaciones para este tipo de pilas en el futuro, incluidos su uso en autos eléctricos o incluso camiones.

Existen muchos otros tipos de pilas primarias usadas a más pequeña escala por ejemplo pilas de las cuales se sabe su rendimiento exacto como la pila de zinc-mercurio o sulfato-mercurio (1.434 volts) o las pilas de cadmio-mercurio o sulfato-mercurio (1.019 volts). O pilas tal como las de cloruro de manganeso-plata o cloruro de manganeso-plomo las cuales se ocupan en las operaciones submarinas donde el electrolito es el agua salina en el cual se encuentran sumergidas las pilas.

Pilas secundarias:

También llamadas pilas de almacenamiento

–Pilas de ácido–plomo: Este tipo de pila ha sido la pila recargable más ampliamente usada en el mundo. La mayoría de este tipo de pilas son construidas de planchas de plomo o celdas, donde una de estas, el electrodo positivo, está cubierto con dióxido de plomo en una forma cristalina entre otros aditivos. El electrolito está compuesto de ácido sulfúrico, y este participa en las reacciones con los electrodos donde sulfato de plomo es formado y lleva corriente en forma de iones. Estudios demuestran que la pila de plomo–ácido tiene una densidad energética de aproximadamente 20 veces mayor que la de las pilas de níquel–cadmio o níquel–hierro.

La razón por la cual este tipo de pila ha sido tan exitosa es que tiene un gran rango de entregar gran o poca corriente; una buena vida de ciclo con una gran fiabilidad para cientos de ciclos, facilidad de recargar, su bajo costo en comparación al resto de las recargables, alto voltaje (2.04 volts por celda), facilidad de fabricación y la facilidad de salvataje de sus componentes.

–Pilas alcalinas de almacenamiento: en las pilas de almacenamiento de este tipo la energía es derivada de la reacción química en una solución alcalina. Este tipo de pilas usan diversos materiales como electrodos tal como los que nombraremos a continuación.

Pilas de hidróxido de níquel–cadmio: Estas son las pilas portátiles más comunes que existen. Tienen la característica de poder dar corrientes excepcionalmente altas, pueden ser rápidamente cargadas cientos de veces, son tolerantes al abuso de sobrecarga. Sin embargo, comparadas con otros tipos de pila primarias e incluso con otras de su tipo, estas pilas son pesadas y tienen una limitada densidad energética. Estas pilas funcionan mejor si es que son dejadas a descargarse completamente antes de cargarse nuevamente, sino puede producirse un fenómeno conocido como el efecto de la memoria donde las celdas se comportan como si estas tuvieran menos capacidad para la cual fueron hechas. Su uso es muy variado podemos encontrarlas desde los sistemas de partida para los motores de un avión hasta en el walkman que uno está usando. Este tipo de pila se comporta bien bajo temperaturas frías.

Pilas de hidróxido de níquel–zinc: están bajo investigación y si su vida puede ser alargada podrían ser un viable substituto para las pilas de níquel–cadmio.

Pilas de hidróxido de níquel–hierro: este tipo de pilas puede proveer miles de ciclos, pero no al recargar necesitan mucha energía y al funcionar se calientan más de lo deseado.

Pilas de hidróxido de níquel–hidrógeno: Estas pilas fueron desarrolladas principalmente para el programa espacial de los EE.UU. Los estudios demuestran que aleaciones de níquel pueden reversiblemente disolver o soltar hidrógeno en proporcionalmente a cambios en la presión y temperatura. Este hidrogeno serviría como un material de ánodo. Hay especulación de que este tipo de pila podría reemplazar a la de níquel–cadmio en algunas aplicaciones.

Pilas alcalinas recargables de dióxido de zinc-manganeso: Este tipo de pilas fueron diseñadas para actuar como substitutos en sistemas donde se requieran cantidades moderadas de energía. Su gran densidad energética y su bajo costo incitan a más estudios.

Pilas de óxido de plata-zinc: Aunque son caras, estas pilas son usadas cuando la densidad energética, el tamaño, y el peso son fundamentales. Después de años de que su uso fue restringido a minas y torpedos su uso se ha ido diversificando hasta llegar a la exploración submarina y sistemas de comunicaciones.

-Pilas secundarias (o de almacenamiento) de litio: Este tipo de pila muestra una gran promesa a futuro ya que su energía teóricamente va de 600 a 2,000 ATS por hora por kg. Algunos elementos con los cuales se investiga son: disulfito de litio-titanio, dióxido de litio-manganeso y disulfito de litio-molibdeno.

-Pilas secundarias (o de almacenamiento) de sodio-sulfuro: Mucha experimentación se ha llevado a cabo con este tipo de pila que funciona alrededor de los 350 grados C'. Aun se deben resolver bastantes problemas relativos a su estabilidad. Especialmente cuando se toma en cuenta que necesita ser enfriada y calentada entre usos. Pero su economía y la entrega de 2.3 volts hacen que este sistema sea extremadamente atractivo, especialmente en el área de los automóviles eléctricos. Al descartar alguna pila siempre en las bolsas termoselladas, y con el estabilizador, que serán colocadas en un repositorio especialmente acondicionado que limita totalmente la posible migración de contaminantes.

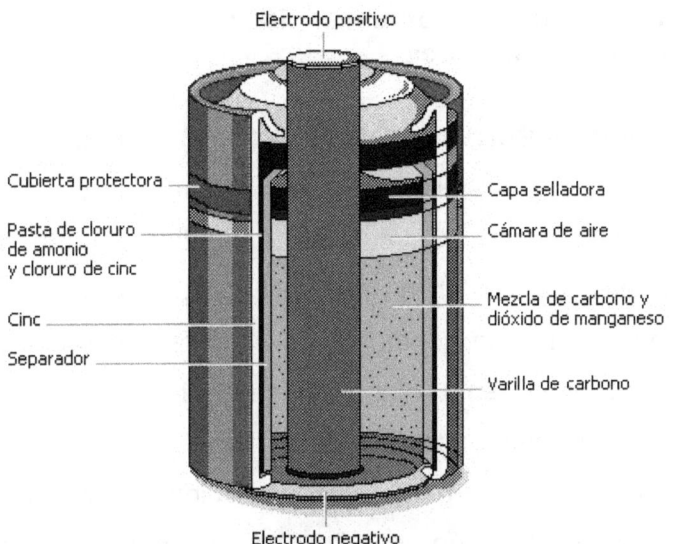

Electrodo positivo

Cubierta protectora

Pasta de cloruro
de amonio
y cloruro de cinc

Cinc

Separador

Capa selladora

Cámara de aire

Mezcla de carbono y
dióxido de manganeso

Varilla de carbono

Electrodo negativo

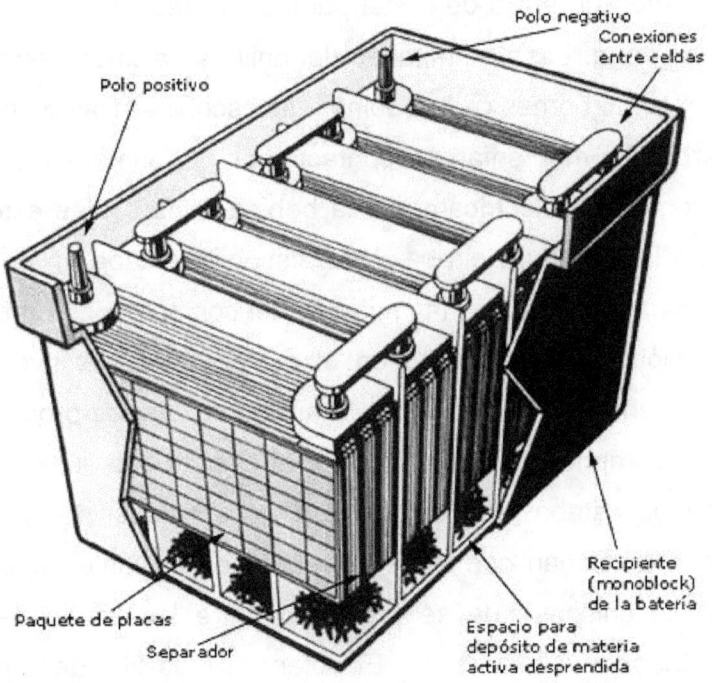

Polo negativo
Conexiones
entre celdas

Polo positivo

Paquete de placas

Separador

Recipiente
(monoblock)
de la batería

Espacio para
depósito de materia
activa desprendida

Detalle de las partes de una Pila y Acumulador

Maquinas eléctricas rotativas de corriente continua Generadores y motores

Generadores de Corriente Continua (C.C.) o Dínamo

Si una armadura gira entre dos polos magnéticos fijos, la corriente en la armadura circula en un sentido durante la mitad de cada revolución, y en el otro sentido durante la otra mitad. Para producir un flujo constante de corriente en un sentido, o corriente continua, en un aparato determinado, es necesario disponer de un medio para invertir el flujo de corriente fuera del generador una vez durante cada revolución. En las máquinas antiguas esta inversión se llevaba a cabo mediante un conmutador, un anillo de metal partido montado sobre el eje de una armadura. Las dos mitades del anillo se aislaban entre sí y servían como bornes de la bobina. Las escobillas fijas de metal o de carbón se mantenían en contacto con el conmutador, que al girar conectaba eléctricamente la bobina a los cables externos. Cuando la armadura giraba, cada escobilla estaba en contacto de forma alternativa con las mitades del conmutador, cambiando la posición en el momento en el que la corriente invertía su sentido dentro de la bobina de la armadura. Así se producía un flujo de corriente de un sentido en el circuito exterior al que el generador estaba conectado. Los generadores de corriente continua funcionan normalmente a voltajes bastante bajos para evitar las chispas que se producen entre las escobillas y el conmutador a voltajes altos. El potencial más alto desarrollado para este tipo de generadores suele ser de 1.500 voltios. En algunas máquinas más modernas esta inversión se realiza usando aparatos de potencia electrónica, como por ejemplo rectificadores de diodo. Los generadores modernos de corriente continua utilizan armaduras de tambor, que suelen estar formadas por un gran número de bobinas agrupadas en hendiduras longitudinales dentro del núcleo de la armadura y conectadas a los segmentos adecuados de un conmutador múltiple. Si una armadura tiene un solo circuito de cable, la corriente que se produce aumentará y disminuirá dependiendo de la parte del campo magnético a través del cual se esté moviendo el circuito. Un conmutador de varios segmentos usado con una armadura de tambor conecta siempre el circuito externo a uno de cable que se mueve a través de un área de alta intensidad del campo, y como resultado la corriente que suministran las bobinas de la armadura es prácticamente constante. Los campos de los generadores modernos se equipan con cuatro o más polos electromagnéticos que aumentan el tamaño y la resistencia del campo magnético. En algunos casos, se añaden interpolos más pequeños para compensar las distorsiones que causa el efecto magnético de la armadura en el flujo eléctrico del campo. El campo inductor de un generador se puede obtener mediante un imán permanente (magneto) o por medio de un electroimán (dinamo). En este último caso, el electroimán se excita por una corriente independiente o por autoexcitación, es decir, la propia corriente producida en la dinamo sirve para crear el campo magnético en las bobinas del inductor. Existen tres tipos de dinamo según sea la forma en que estén acoplados el inductor y el inducido: en serie, en derivación y en combinación.

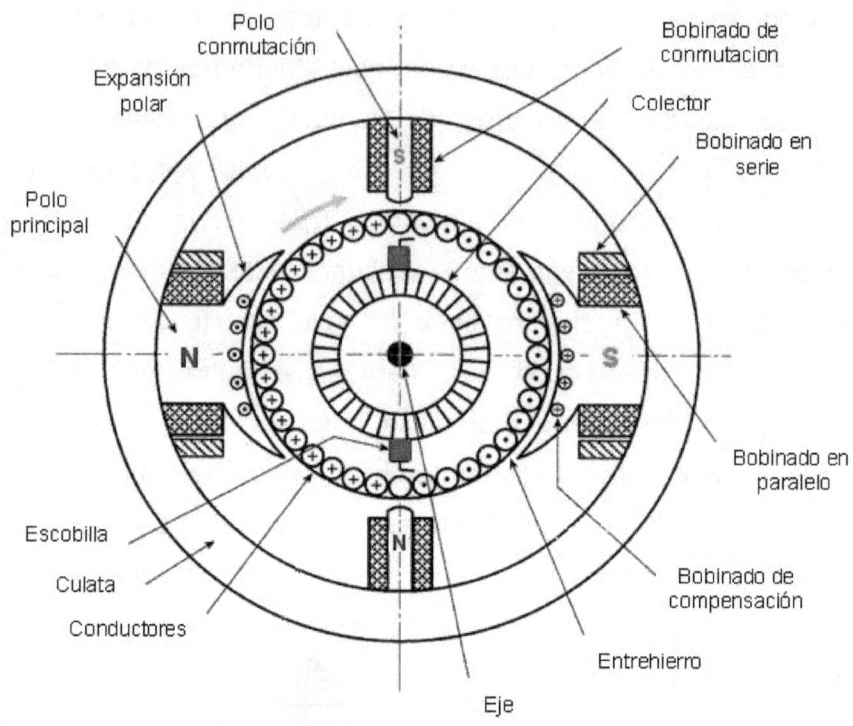

Vista interior de un motor

Motores de corriente continua

En general, los motores de corriente continua son similares en su construcción a los generadores. De hecho podrían describirse como generadores que funcionan al revés. Cuando la corriente pasa a través de la armadura de un motor de corriente continua, se genera un par de fuerzas debido a la acción del campo magnético, y la armadura gira (*véase* Momento de una fuerza).

La función del conmutador y la de las conexiones de las bobinas del campo de los motores es exactamente la misma que en los generadores. La revolución de la armadura induce un voltaje en las bobinas de ésta. Este voltaje es opuesto al voltaje exterior que se aplica a la armadura, y de ahí que se conozca como voltaje inducido o fuerza contraelectromotriz. Cuando el motor gira más rápido, el voltaje inducido aumenta hasta que es casi igual al aplicado. La corriente entonces es pequeña, y la velocidad del motor permanecerá constante siempre que el motor no esté bajo carga y tenga que realizar otro trabajo mecánico que no sea el requerido para mover la armadura. Bajo carga, la armadura gira más lentamente, reduciendo el voltaje inducido y permitiendo que fluya una corriente mayor en la armadura. Debido a que la velocidad de rotación controla el flujo de la corriente en la armadura, deben usarse aparatos especiales para arrancar los motores de corriente continua. Cuando la armadura está parada, ésta no tiene realmente resistencia, y si se aplica el voltaje de funcionamiento normal, se producirá una gran corriente, que podría dañar el conmutador y las bobinas de la armadura. El medio normal de prevenir estos daños es el uso de una resistencia de encendido conectada en serie a la armadura, para disminuir la corriente antes de que el motor consiga desarrollar el voltaje inducido adecuado. Cuando el motor acelera, la resistencia se reduce gradualmente, tanto de forma manual como automática. La velocidad a la que funciona un motor depende de la intensidad del campo magnético que actúa sobre la armadura, así como de la corriente de ésta. Cuanto más fuerte es el campo, más bajo es el grado de rotación necesario para generar un voltaje inducido lo bastante grande como para contrarrestar el voltaje aplicado. Por esta razón, la velocidad de los motores de corriente continua puede controlarse mediante la variación de la corriente del campo. Abajo, esquema de un Generador C.C.

Partes del motor

Estator: es la parte fija del motor que soporta las bobinas de campo encargadas de producir el campo magnético. El estator con las bobinas forman parte de una estructura de hierro comúnmente llamada *carcaza* que interviene completando el circuito. A ambos erremos se encuentran las tapas que son piezas metálicas de fundición cuya función es servir de soporte para el eje del rotor. Una de estas tapas sostiene el porta escobillas.

Escobilla: son dos trozos de carbón de sección rectangular o cilíndrica de material compacto y homogéneo no duro. En los cuales se encuentra soldado un conductor. Estas escobillas poseen un sistema de resorte que asegura un rozamiento constante y uniforme contra el colector, haciendo permanente el paso de corriente.

Colector: esta pieza se encuentra formada por láminas de cobre llamadas *delgas* separadas y aisladas una de la otra. Todo este conjunto está sostenido sobre el eje del inducido. El colector es un dispositivo automático de conmutación que mantiene las corrientes de los conductores en la dirección indicada.

Rotor: se encuentra formado por un eje, núcleo bobinado y colector. El núcleo y el bobinado están sumergidos dentro de un campo magnético producido por el estator. La FEM que se sostiene a la salida del generador es creada por el movimiento de rotación del inducido frente al campo magnético estacionario producido por estator.

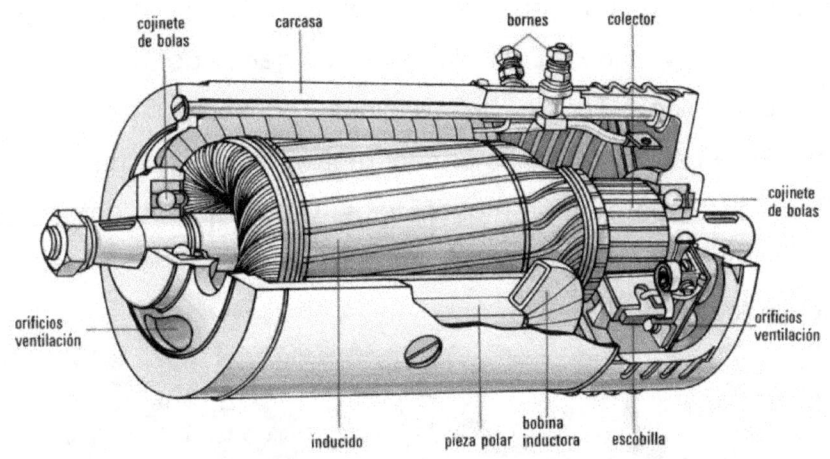

Corte transversal de un motor y sus partes

Maquinas eléctricas rotativas de corriente alterna
Generadores y motores

Generadores de Corriente Alterna (C.A.) Monofásicos

Cuando se trató de generadores de C.A., la armadura ha sido representada por una sola espira. El voltaje inducido en esta espira sería muy pequeño; así pues, lo mismo que ocurre en los generadores de CC, la armadura consta en realidad de numerosas bobinas, cada una con más de una espira. Las bobinas están devanadas de manera que cada uno de los voltajes en las espiras de cualquier bobina se suman para producir el voltaje total de la bobina. Las bobinas se pueden conectar de varias maneras, según el método específico que se use para darle las características deseadas al generador. Si todas las bobinas de armadura se conectan en serie aditiva, el generador tiene una salida única. La salida es sinusoidal y en cualquier instante es igual en amplitud a la suma de voltajes inducidos en cada una de las bobinas. Un generador con armadura devanada en esta forma es un generador de una fase o monofásico. Todas las bobinas conectadas en serie constituyen el devanado de armadura. En la práctica, muy pocos generadores de c-a son monofásicos, ya que puede obtenerse una mayor eficiencia conectando las bobinas de armadura mediante otro sistema.

Corte de un generador

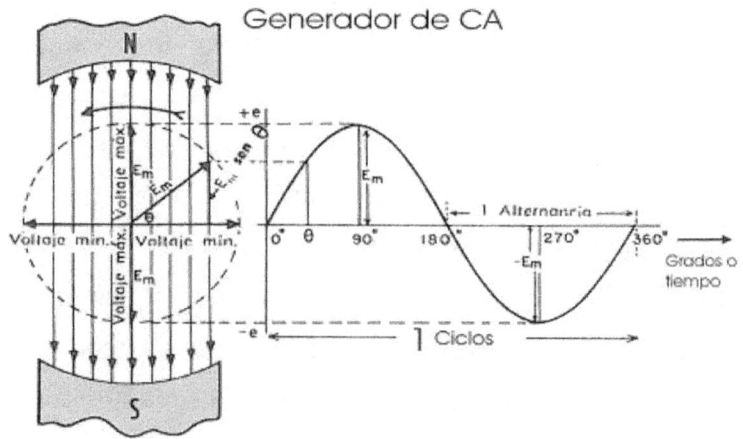

Ciclo de un generador de corriente alterna monofásico

188

Generadores de C.A. trifásicos

Básicamente, los principios del generador trifásico son los mismos que los de un generador bifásico, excepto que se tienen tres devanados espaciados igualmente y tres voltajes de salida desfasados 120 grados entre sí. A continuación, se ilustra un generador simple trifásico de espira rotatoria, incluyendo las formas de onda. Físicamente, las espiras adyacentes están separadas por un ángulo equivalente a 60 grados de rotación. Sin embargo, los extremos de la espira están conectados a los anillos rozantes de manera que la tensión 1 está adelantada 120 grados con respecto a la tensión 2; y la tensión 2, a su vez, está adelantada 120 grados con respecto a la tensión 3.

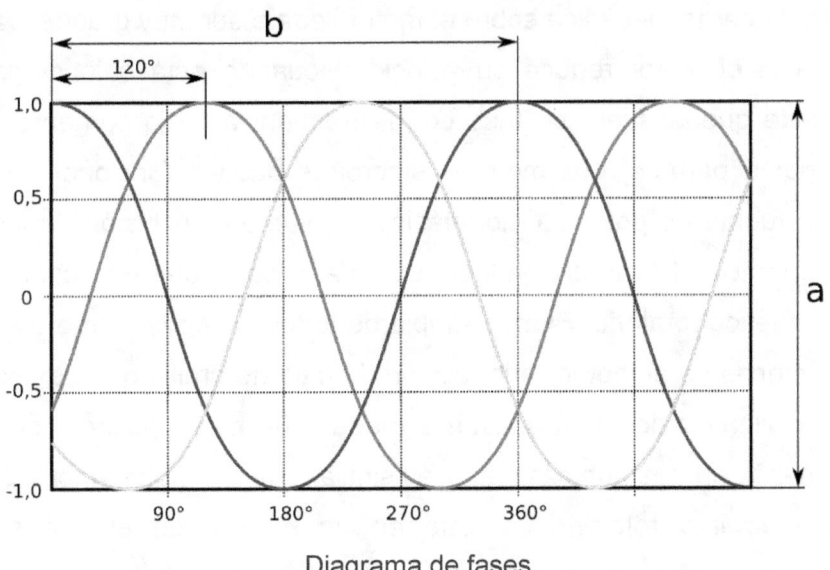

Diagrama de fases

Motores de Corriente Alterna

Se diseñan dos tipos básicos de motores para funcionar con corriente alterna polifásica: los motores síncronos y los motores de inducción. El motor síncrono es en esencia un alternador trifásico que funciona a la inversa. Los imanes del campo se montan sobre un rotor y se excitan mediante corriente continua, y las bobinas de la armadura están divididas en tres partes y alimentadas con corriente alterna trifásica. La variación de las tres ondas de corriente en la armadura provoca una reacción magnética variable con los polos de los imanes del campo, y hace que el campo gire a una velocidad constante, que se determina por la frecuencia de la corriente en la línea de potencia de corriente alterna. La velocidad constante de un motor síncrono es ventajosa en ciertos aparatos. Sin embargo, no pueden utilizarse este tipo de motores en aplicaciones en las que la carga mecánica sobre el motor llega a ser muy grande, ya que si el motor reduce su velocidad cuando está bajo carga puede quedar fuera de fase con la frecuencia de la corriente y llegar a pararse. Los motores síncronos pueden funcionar con una fuente de potencia monofásica mediante la inclusión de los elementos de circuito adecuados para conseguir un campo magnético rotatorio. El más simple de todos los tipos de motores eléctricos es el motor de inducción de caja de ardilla que se usa con alimentación trifásica. La armadura de este tipo de motor consiste en tres bobinas fijas y es similar a la del motor síncrono. El elemento rotatorio consiste en un núcleo, en el que se incluyen una serie de conductores de gran capacidad colocados en círculo alrededor del árbol y paralelos a él. Cuando no tienen núcleo, los conductores del rotor se parecen en su forma a las jaulas cilíndricas que se usaban para las ardillas. El flujo de la corriente trifásica dentro de las bobinas de la armadura fija genera un campo magnético rotatorio, y éste induce una corriente en los conductores de la jaula. La reacción magnética entre el campo rotatorio y los conductores del rotor que transportan la corriente hace que éste gire. Si el rotor da vueltas exactamente a la misma velocidad que el campo magnético, no habrá en él corrientes inducidas, y, por tanto, el rotor no debería girar a una velocidad síncrona. En funcionamiento, la velocidad de rotación del rotor y la del campo difieren entre sí de un 2 a un 5%. Esta diferencia de velocidad se conoce como caída. Los motores con rotores del tipo jaula de ardilla se pueden usar con corriente alterna monofásica utilizando varios dispositivos de inductancia y capacitancia, que alteren las características del voltaje monofásico y lo hagan parecido al bifásico. Este tipo de motores se denominan motores multifásicos o motores de condensador (o de capacidad), según los dispositivos que usen. Los motores de jaula de ardilla monofásicos no tienen un par de arranque grande, y se utilizan motores de repulsión-inducción para las aplicaciones en las que se requiere el par. Este tipo de motores pueden ser multifásicos o de condensador, pero disponen de un interruptor manual o automático que permite que fluya la corriente entre las escobillas del conmutador cuando se arranca el motor, y los circuitos cortos de todos los segmentos del conmutador, después de que el motor alcance una velocidad crítica. Los motores de repulsión-inducción se denominan así debido a que su par de arranque depende de la repulsión entre el rotor y el estator, y su par, mientras está en funcionamiento, depende de la inducción. Los motores de baterías en serie con conmutadores, que funcionan tanto con corriente continua como con corriente alterna, se denominan motores universales. Éstos se fabrican en tamaños pequeños y se utilizan en aparatos domésticos.

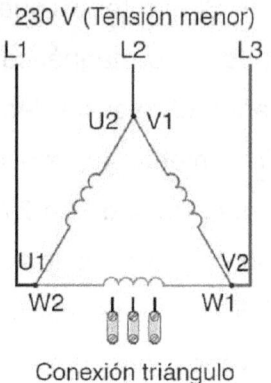

230 V (Tensión menor)

Conexión triángulo

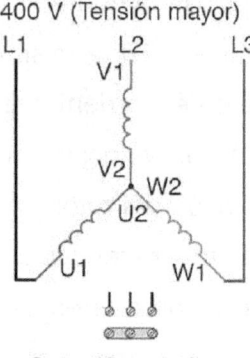

400 V (Tensión mayor)

Conexión estrella

Tipos de conexionados

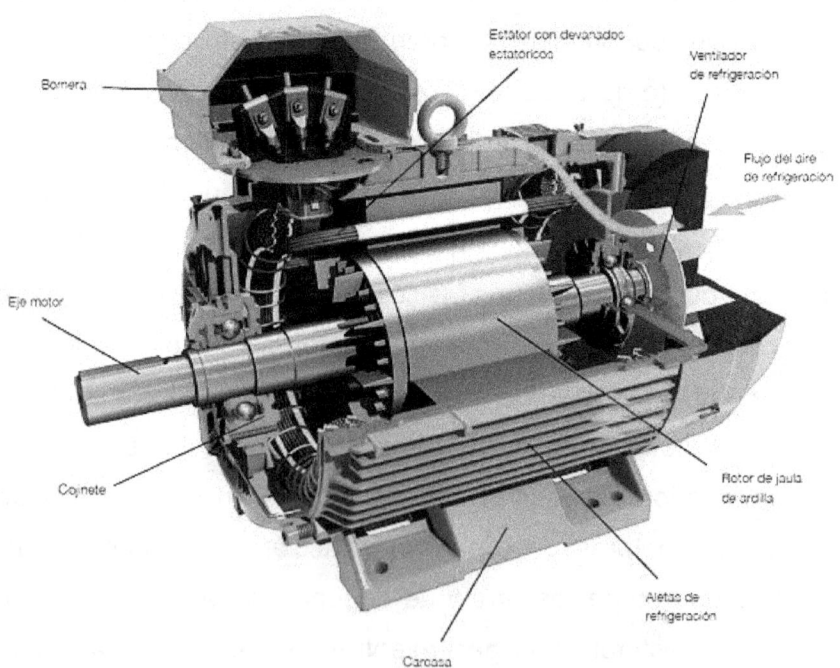

Partes de un motor

AUTOEVALUACIÓN

Mantenimiento de máquinas: Transformadores. Pilas y acumuladores. Maquinas eléctricas rotativas de corriente continua: Generadores y motores. Maquinas eléctricas rotativas de corriente alterna: Generadores y motores.

---

1. ¿En qué incide el mantenimiento?
   a) En las ganancias productivas
   b) Calidad de vida de los colaboradores de la empresa
   c) En la calidad del producto
   d) En la calidad del servicio
   e) Todas son correctas

2. ¿Cuál no corresponde a un objetivo del mantenimiento?
   a) Optimización de la disponibilidad del equipo productivo
   b) Disminución de los costos de mantenimiento
   c) Optimización de los recursos humanos
   d) Minimización de la vida de la máquina
   e) Ninguna es correcta

3. Los criterios de la gestión del mantenimiento Es un servicio que agrupa una serie de actividades cuya ejecución permite alcanzar un mayor grado de:
   a) Desconfianza
   b) Confiabilidad
   c) Calidad
   d) Todas son correctas
   e) Ninguna es correcta

4. El mantenimiento adecuado, tiende a:
   a) Reducir la vida útil de los bienes
   b) Prolongar la vida útil de las cosas
   c) Prolongar la vida útil de los bienes
   d) Prolongar la vida no útil de los bienes
   e) Prolongar la vida útil de las personas

5. Clasificación de fallas, señalar la correcta:
 a) Precoz
 b) Púber
 c) Tardía
 d) Añeja
 e) Adolescente

6. ¿En qué momento de la vida útil ocurren las fallas tempranas?
 a) Al final
 b) Al medio
 c) Al principio
 d) Nunca
 e) Siempre

7. Qué tipo de mantenimiento define el siguiente enunciado: Es aquel que se ocupa de la reparación una vez se ha producido el fallo y el paro súbito de la máquina o instalación:
 a) Para usuario
 b) Preventivo
 c) Curativo
 d) Correctivo
 e) Ninguna es correcta

8. ¿Qué se debe programar en el mantenimiento preventivo?
 a) Los programas de funcionamiento
 b) El recambio de piezas
 c) Las revisiones de los equipos
 d) El manual de funcionamiento
 e) Ninguna es correcta

9. El mantenimiento que se basa en predecir las fallas antes que se produzca se denomina mantenimiento:
 a) Preventivo
 b) De servicio
 c) Colectivo
 d) Productivo
 e) Predictivo

10. En el método de implementación de gestión del mantenimiento, se debe procesar:
   a) La pericia
   b) El análisis
   c) La información
   d) Ninguna es correcta
   e) Todas son correctas

11. Señalar tipos de transformadores:
   a) Impedancia y Reactancia
   b) Corriente y voltaje
   c) Resistencia y capacitancia
   d) Rectangulares y redondos
   e) Ninguna es correcta

12. La autoinducción se produce en circuitos de corriente:
   a) Horizontal
   b) Lineal
   c) Mixta
   d) Alterna
   e) Diferida

13. Los transformadores de potencia podrán ser:
   a) Azules y rojos
   b) Rectangulares y redondos
   c) Monofásicos y trifásicos
   d) Pequeños y grandes
   e) Verticales y horizontales

14. Señalar cuál corresponde a un tipo de transformador:
   a) Tipo Palo
   b) Tipo seco
   c) Tipo colgado
   d) Tipo Terminal
   e) Tipo cuadrado

15. ¿Qué energía transforma la pila para convertirla en energía eléctrica?
   a) Física
   b) Dinámica
   c) Térmica
   d) Química
   e) Nuclear

16. ¿Cómo se llamó quien descubrió la pila voltaica?
   a) Luis Galvani
   b) Tomás Edison
   c) Gram. Bell
   d) Alejandro Volta
   e) Kirchhoff

17. ¿Cuántos son los Tipos de pilas?
   a) 10
   b) 20
   c) 5
   d) 2
   e) Ninguno

18. ¿Qué tipos de pilas usan los juguetes, linterna, walkmans, etc.?
   a) Cuaternarias
   b) Terciarias
   c) Secundarias
   d) Primarias
   e) Ninguna es correcta

19. Qué tipos de pilas utilizan los automóviles, también llamadas de almacenamiento o acumuladores:
   a) Primarias
   b) Secundarias
   c) Terciarias
   d) Cuaternarias
   e) Todas son correctas

20. ¿Dónde deben arrojarse las pilas en desuso?
   a) En la vía pública
   b) En cualquier parte
   c) En repositorio especialmente acondicionados
   d) Al desagüe
   e) Ninguna es correcta

21. Qué tipo de corriente producirá este tipo de Generador según el enunciado siguiente: Si una armadura gira entre dos polos magnéticos fijos, la corriente en la armadura circula en un sentido durante la mitad de cada revolución, y en el otro sentido durante la otra mitad:
   a) Corriente Alterna
   b) Corriente mixta
   c) Corriente lineal
   d) Corriente continua
   e) Corriente horizontal

22. ¿Qué forma gráfica tendrá Un Ciclo del generador de Corriente Alterna?
   a) Aritmética
   b) Logarítmica
   c) Geoide
   d) Ovoide
   e) Sinusoidal

23. ¿A cuántos grados están desfasadas las tensiones 1, 2 y 3 en un generador de Corriente Alterna trifásico?
   a) A 90 grados
   b) A 60 grados
   c) A 120 grados
   d) A 80 grados
   e) Ninguna es correcta

24. Que parte del motor de fine el siguiente enunciado: Se encuentra formado por un eje, núcleo bobinado y colector.
   a) Estator
   b) Colector
   c) Rotor
   d) Escobilla
   e) Bujes

25. El Estator es la parte:
   a) Móvil del motor
   b) Exterior del motor
   c) Donde se encuentra la bornera del motor
   d) Fija del motor que soporta las bobinas
   e) De carbón del motor

SOLUCIONARIO

1. a) Todas son correctas
2. d) Minimización de la vida de la máquina
3. b) Confiabilidad
4. c) Prolongar la vida útil de los bienes
5. c) Tardía
6. c) Al principio
7. d) Correctivo
8. c) Las revisiones de los equipos
9. e) Predictivo
10. c) La información
11. b) Corriente y voltaje
12. d) Alterna
13. c) Monofásicos y trifásicos
14. b) Tipo seco
15. d) Química
16. d) Alejandro Volta
17. d) 2
18. d) Primarias
19. b) Secundarias
20. c) En repositorio especialmente acondicionados
21. d) Corriente continua
22. e) Sinusoidal
23. d) A 120 grados
24. c) Rotor
25. d) Fija del motor que soporta las bobinas

Instalaciones eléctricas en quirófanos y áreas especiales: Monitor detector de fugas. Puestas a tierra. Conductores de equipontencialidad. Tomas de corriente y cables de conexión. Protecciones: diferenciales y magnetotérmicos. Suelos antielectrostáticos. Iluminación. Medidas de las resistencias. Transformadores de aislamientos. Controles periódicos.

Instalaciones eléctricas en quirófanos y áreas especiales
Monitor detector de fugas

Un Centro de Salud, considerado local de pública Concurrencia, deberá contar con dos tipos de suministro eléctrico según la ITC-BT-28:

• Un suministro normal de acuerdo a la previsión de cargas que en él se estimen.

• Suministro complementario, que en el caso de un CS (centro de salud) deberá ser un Suministro de reserva, definido en el art. 10 del REBT, como aquel dedicado A mantener un servicio restringido de los elementos de funcionamiento Indispensables de la instalación receptora, con una potencia mínima del 25 por 100 de la potencia total contratada para el suministro normal.

El suministro normal es el que se efectúa habitualmente por una empresa Suministradora; el suministro complementario se efectúa por la misma empresa Suministradora, cuando disponga de medios de distribución independientes, por otra Empresa suministradora distinta o por el usuario mediante medios de producción Propios. Este suministro complementario se utilizará para garantizar la alimentación de los servicios de seguridad que se definen en el siguiente apartado

Servicios de seguridad. Caracterización de cargas

La GUÍA-BT-28-SEP04 considera servicios de seguridad aquellos esenciales para mantener la seguridad de las personas. Más adelante, la propia ITC-BT-28 en su apartado 2, define como servicios de seguridad, servicios tales como, alumbrado de emergencia, sistemas contra incendios, ascensores u otros servicios urgentes indispensables que están fijados por las reglamentaciones específicas de las diferentes autoridades competentes en materia de seguridad.

Teniendo en cuenta estas consideraciones, se ha procedido a clasificar las cargas de un CS en dos bloques:

Cargas esenciales o de seguridad

A continuación se indican aquellas cargas que requerirán una garantía de suministro adicional.

• Sistemas contra incendios

• Ascensores

• Alumbrado de la zona de atención continuada (zona de urgencias) y de las salas de técnicas y curas. Este alumbrado está claramente definido en la ITC- BT-28 apartado 3.3.2, como alumbrado de reemplazamiento y por tanto es parte del alumbrado de seguridad. Cabe destacar además que dicho alumbrado debe proporcionar un nivel de iluminancia igual al del alumbrado normal durante dos horas como mínimo.

• Resto del alumbrado del edificio. Esto equivale a que todo el alumbrado del edificio tuviese una consideración similar al de alumbrado de reemplazamiento (aunque sin la necesidad de conmutación breve ni duración mínima de dos horas).

• Sistemas de alarmas y control (siempre y cuando no se integren como subsistemas del servicio de telecomunicación).

Resto de cargas del edificio. Cargas no esenciales

Lógicamente aquí estarían incluidas el resto de cargas no contempladas dentro de las cargas esenciales o de seguridad y que no requieren una garantía adicional de suministro, entre las que podrían destacarse las siguientes:

• Instalación Eléctrica Dedicada. Instalación eléctrica de la infraestructura de comunicaciones, obligatoria para uso exclusivo del Sistema de Cableado Estructurado y la informática asociada en los recintos que albergan las infraestructuras de telecomunicaciones

• Climatización.

• Resto de tomas de corriente, etc.

Alimentación de las cargas esenciales o de seguridad

La alimentación de estas cargas puede ser automática o no automática, salvo en el caso del alumbrado de emergencia que la ITC-BT-28 específica que debe ser automática con corte breve. En nuestro caso esto afecta al alumbrado de reemplazamiento, como se ha señalado en el apartado anterior, pues el resto del Alumbrado de emergencia, en concreto todo el alumbrado de seguridad debe disponer de Fuente propia.

En lo referente a la fuente que se emplee para la alimentación de estas cargas esenciales o de seguridad (baterías de acumuladores, generadores independientes o derivaciones separadas de la red de distribución), cabe destacar los siguientes puntos:

• Esta fuente debe asegurar la alimentación de estas cargas durante un tiempo apropiado.

• No debe verse afectada por el fallo de la fuente normal.

• Si se emplea más de una fuente, no se admiten derivaciones separadas, independientes y alimentadas por una red de distribución pública, salvo si se asegura que las dos derivaciones no pueden fallar simultáneamente.

Es decir, para utilizar dos suministros o alimentaciones complementarias desde las instalaciones de una misma compañía eléctrica, ésta tiene que certificar que no pueden fallar simultáneamente.

• Cuando exista una sola fuente, ésta no debe ser utilizada por otros usos.

• Si se trata de una derivación del mismo transformador que alimenta el suministro normal, debe constituir una línea de distribución independiente desde Su mismo origen en baja tensión.

A continuación se muestra un esquema tipo que ilustra gráficamente lo expuesto.

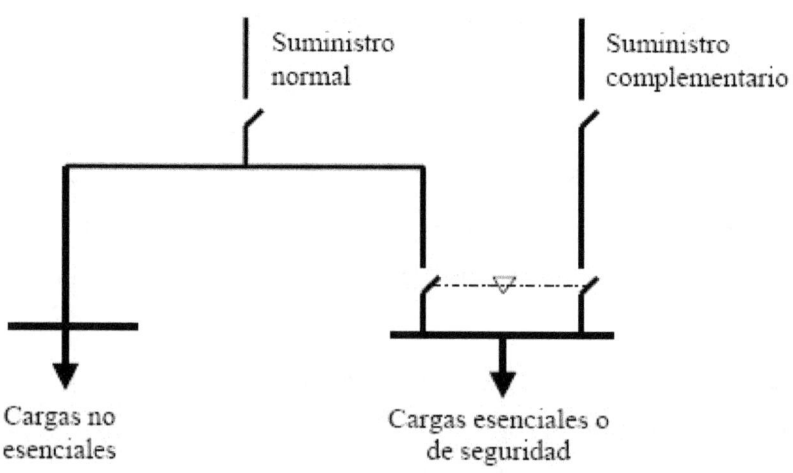

Opciones para la alimentación del suministro complementario

Teniendo en cuenta los requerimientos reglamentarios expuestos en el apartado anterior, y puesto que el artículo 10 del REBT considera suministro complementario aquel que, aun partiendo del mismo transformador, dispone de línea de distribución independiente del suministro normal desde su mismo origen en baja tensión, se podría establecer esta solución como una estructura mínima (pero reglamentariamente contemplada) para la alimentación de las cargas esenciales o de seguridad, garantizándose que en este caso las canalizaciones o circuitos de alimentación estén protegidos separadamente en origen, es decir, sin elementos de protección comunes. Para mejorar la fiabilidad del suministro complementario, la GUIA-BT-28- SEP04, considera conveniente que cuando tanto el suministro normal como el suministro complementario procedan de la red de distribución pública, las líneas de alimentación de ambos suministros procedan de transformadores de distribución distintos. Si esta solución fuese factible (hay que prever las dificultades que tanto las compañías distribuidoras como los ayuntamiento implicados plantearán) deberá tenerse en cuenta la necesidad de establecer contratos distintos para ambos suministros, pues en estos casos lo normal es que el suministro complementario constituya una acometida en baja tensión. No obstante, en el caso que ambos suministros partan del mismo transformador, y ante posibles fallos en él o en la red de distribución pública, sería recomendable la instalación de un SAI que garantizase la alimentación al alumbrado de la zona de atención continuada, si fuera el caso, durante un tiempo aproximado de 20 minutos, pensando especialmente que el fallo se produjese durante su funcionamiento nocturno. Por último señalar que si se optase por utilizar un grupo electrógeno para asegurar la alimentación de las cargas esenciales o de seguridad, deben preverse los siguientes condicionantes: Puesto que debe garantizarse que la conmutación del alumbrado de reemplazamiento (alumbrado de urgencias y salas de técnicas y curas) sea con corte breve, debe instalarse un SAI que garantice esta conmutación y la alimentación de este alumbrado mientras se conecta el grupo. Hay que tener presente, como se indicó anteriormente, que el alumbrado de estas zonas debe garantizarse durante dos horas como mínimo, lo que imposibilita que se empleen fuentes propias para ello. La necesidad de un óptimo mantenimiento para garantizar al máximo su funcionamiento cuando sea necesario. Deben tenerse en cuenta todos los condicionantes que respecto a su emplazamiento vienen recogidos en la ITC-BT-28, apartado 2.1. Igualmente deben tenerse en cuenta todos los condicionantes técnicos que para este tipo de instalaciones se establecen en la ITC-BT-40.

Características de la conmutación

La conmutación entre el suministro normal y el suministro de reserva debe ser, en el caso de las dos primeras opciones, automática con corte breve (alimentación automática disponible en 0,5 segundos como máximo), con el objeto de cumplir el requerimiento que la ITC-BT-28 impone para la alimentación del alumbrado de emergencia. En el caso de emplearse grupo electrógeno, ya se indicó la necesidad de instalar un SAI para asegurar esta conmutación. Además, la conmutación del suministro normal al de seguridad en caso de fallo del primero se debe realizar de forma que se impida el acoplamiento entre ambos. Esta conmutación se puede realizar mediante contactores con enclavamiento mecánico y eléctrico.

Normativa mencionada:

Instrucción Técnica Complementaria para Baja Tensión: ITC-BT-28 Instalaciones en locales de pública concurrencia:

Campo de aplicación

La presente instrucción se aplica a locales de pública concurrencia como:

Locales de espectáculos y actividades recreativas:

Cualquiera que sea su capacidad de ocupación, como por ejemplo, cines, teatros, auditorios, estadios, pabellones deportivos, plazas de toros, hipódromos, parques de atracciones y ferias fijas, salas de fiesta, discotecas, salas de juegos de azar.

Locales de reunión, trabajo y usos sanitarios:

- Cualquiera que sea su ocupación, los siguientes: Templos, Museos, Salas de conferencias y congresos, casinos, hoteles, hostales, bares, cafeterías, restaurantes o similares, zonas comunes en agrupaciones de establecimientos comerciales, aeropuertos, estaciones de viajeros, estacionamientos cerrados y cubiertos para más de 5 vehículos, hospitales, ambulatorios y sanatorios, asilos y guarderías.

- Si la ocupación prevista es de más de 50 personas: bibliotecas, centros de enseñanza, consultorios médicos, establecimientos comerciales, oficinas con presencia de público, residencias de estudiantes, gimnasios, salas de exposiciones, centros culturales, clubes sociales y deportivos.

La ocupación prevista de los locales se calculará como 1 persona por cada 0,8 m^2 de superficie útil, a excepción de pasillos, repartidores, vestíbulos y servicios.

Para las instalaciones en quirófanos y salas de intervención se establecen requisitos particulares en la ITC-BT-38.

Instrucción Técnica Complementaria para Baja Tensión: ITC-BT-38 Instalaciones con fines especiales. Requisitos particulares para la instalación eléctrica en quirófanos y salas de intervención

Objeto y campo de aplicación:

El objeto de la presente instrucción es determinar los requisitos particulares para las instalaciones eléctricas en quirófanos y salas de intervención así como las condiciones de instalación de los receptores utilizados en ellas. Los receptores objeto de esta instrucción cumplirán los requisitos de las directivas europeas aplicables conforme a lo establecido en el artículo 6 del Reglamento electrotécnico de baja tensión. Además de las prescripciones generales para locales de usos sanitarios señaladas en la ITC-BT-28 se cumplirán las prescripciones particulares incluidas en la presente instrucción.

Condiciones generales de seguridad e instalación:

Las salas de anestesia y demás dependencias donde puedan utilizarse anestésicos u otros productos inflamables, serán considerados como locales con riesgo de incendio o explosión Clase 1, Zona 1, salvo indicación en contra, y como tales las instalaciones deberán satisfacer las indicaciones para ellas establecidas en la ITC-BT-29. Las bases de toma de corriente para diferentes tensiones, tendrán separaciones o formas distintas para las espigas de las clavijas correspondientes. Cuando la instalación de alumbrado general se sitúe a una altura del suelo inferior a 2,5 metros, o cuando sus interruptores presenten partes metálicas accesibles, deberá ser protegida contra los contactos indirectos mediante un dispositivo diferencial, conforme a lo establecido en la ITC-BT-24. Las características de aislamiento de los conductores, responderán a lo dispuesto en la ITC-BT-19 y, en su caso, la ITC-BT-29.

Ejemplo de un esquema general de la instalación eléctrica de un quirófano:

1. Alimentación general o línea general de alimentación
2. Distribución en la planta o derivación individual
3. Cuadro de distribución en la sala de operaciones
4. Suministro complementario
5. Transformador de aislamiento tipo médico
6. Dispositivo de vigilancia de aislamiento o monitor de detección de fugas
7. Suministro normal y especial complementario para alumbrado de lámparas de quirófano
8. Radiadores de calefacción central
9. Marco metálico de ventanas
10. Armario metálico para instrumentos
11. Partes metálicas de lavabos y suministro de agua
12. Torreta aérea de tomas de suministro de gas

13. Torreta aérea de tomas de corriente (Con terminales para conexión equipotencial envolvente conectada al embarrado conductor de protección)
14. Cuadro de alarmas del dispositivo de vigilancia de aislamiento
15. Mesa de operaciones (De mando eléctrico)
16. Lámpara de quirófano
17. Equipos de rayos X
18. Esterilizador
19. Interruptor de protección diferencial
20. Embarrado de puesta a tierra
21. Embarrado de equipotencialidad

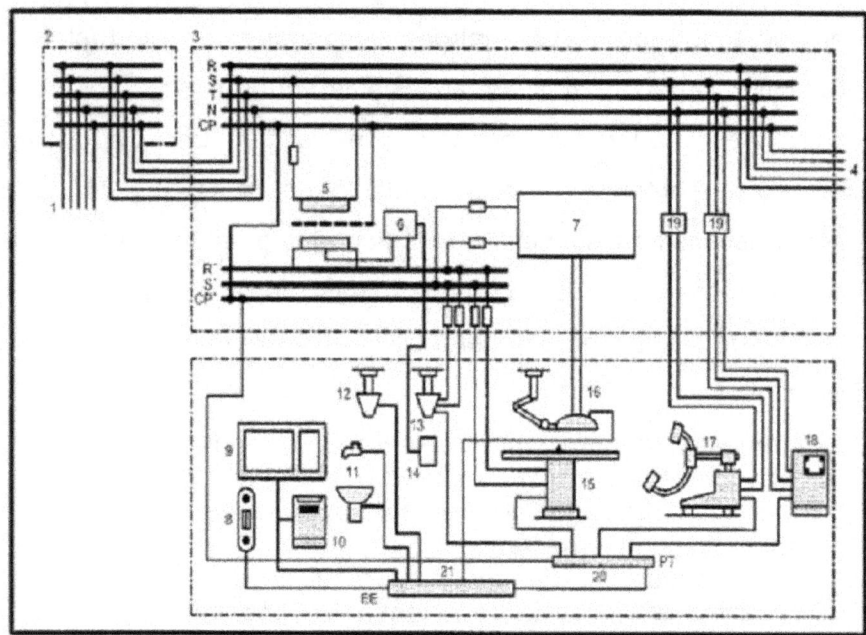

Figura 1

Monitor de fugas: En la figura 1 puede apreciarse en el punto 6, la colocación de un detector de fugas, Como se puede apreciar el mismo estará dentro del quirófano en lugar visible, con la respectiva señalización óptica:

Rojo: Alarma. Ej.: Corriente de fuga superior a 4mA para 220v.

Verde: Correcto funcionamiento.

Detector de fugas

Puestas a tierra.

Medidas de protección ITC-BT-38

Puesta a tierra de protección

La instalación eléctrica de los edificios con locales para la práctica médica y en concreto para quirófanos o salas de intervención, deberán disponer de un suministro trifásico con neutro y conductor de protección. Tanto el neutro como el conductor de protección serán conductores de cobre, tipo aislado, a lo largo de toda la instalación.

La impedancia entre el embarrado común de puesta a tierra de cada quirófano o sala de intervención y las conexiones a masa, o los contactos de tierra de las bases de toma de corriente, no deberá exceder de 0,2 ohmios. Las puestas a tierra se establecen principalmente con objeto de limitar la tensión que, con respecto a tierra, puedan presentar en un momento dado las masas metálicas, asegurar la actuación de las protecciones y eliminar o disminuir el riesgo que supone una avería en los materiales eléctricos utilizados. La puesta o conexión a tierra es la unión eléctrica directa, sin fusibles ni protección alguna, de una parte del circuito eléctrico o de una parte conductora no perteneciente al mismo mediante una toma de tierra con un electrodo o grupos de electrodos enterrados en el suelo. Mediante la instalación de puesta a tierra se deberá conseguir que en el conjunto de instalaciones, edificios y superficie próxima del terreno no aparezcan diferencias de potencial peligrosas y que, al mismo tiempo, permita el paso a tierra de las corrientes de defecto o las de descarga de origen atmosférico. En el ámbito de las telecomunicaciones o instalaciones con equipos de tecnología de la información, la puesta a tierra no solo deberá cumplir con el objetivo de protección de personas y equipos, sino que además servirá de referencia de tensión común para los distintos equipos y deberá contribuir a mitigar los efectos de las interferencias electromagnéticas. Es por esto que requerirá de una topología especial. A este sistema de puesta a tierra lo denominaremos Sistema de Puesta a Tierra Dedicado. Desde el punto de vista de electrodos de puesta a tierra, se diseñarán dos electrodos: uno para la puesta a tierra del pararrayos (si existe éste), y otro electrodo que será compartido por el sistema de puesta a tierra de protección y el sistema de puesta a tierra dedicado.

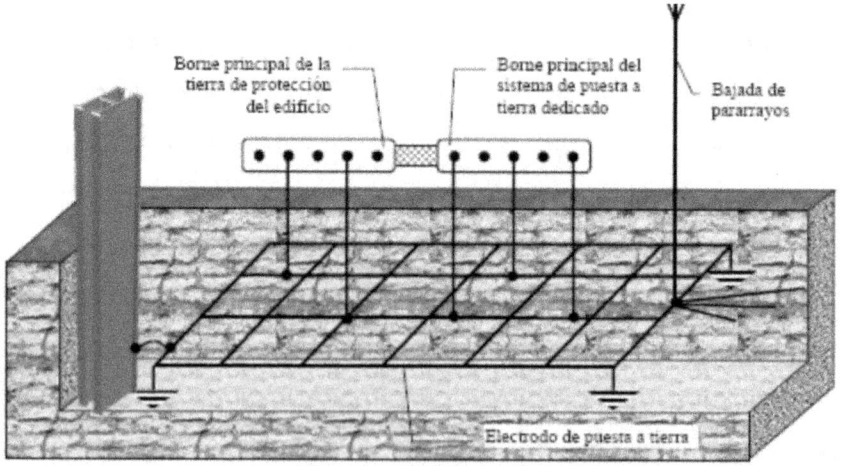

Esquema del sistema general de puesta a tierra del edificio

Conductores de equipontencialidad. Tomas de corriente y cables de conexión

Conexión de equipotencialidad ITC-BT-38

Todas las partes metálicas accesibles han de estar unidas al embarrado de equipotencialidad (EE en la figura 1), mediante conductores de cobre aislados e independientes. La impedancia entre estas partes y el embarrado (EE) no deberá exceder de 0,1 ohmios. Se deberá emplear la identificación verde-amarillo para los conductores de equipotencialidad y para los de protección.

El embarrado de equipotencialidad (EE) estará unido al de puesta a tierra de protección (PT en la figura 1) por un conductor aislado con la identificación verdeamarillo, y de sección no inferior a 16 mm² de cobre. La diferencia de potencial entre las partes metálicas accesibles y el embarrado de equipotencialidad (EE) no deberán exceder de 10 mV eficaces en condiciones normales.

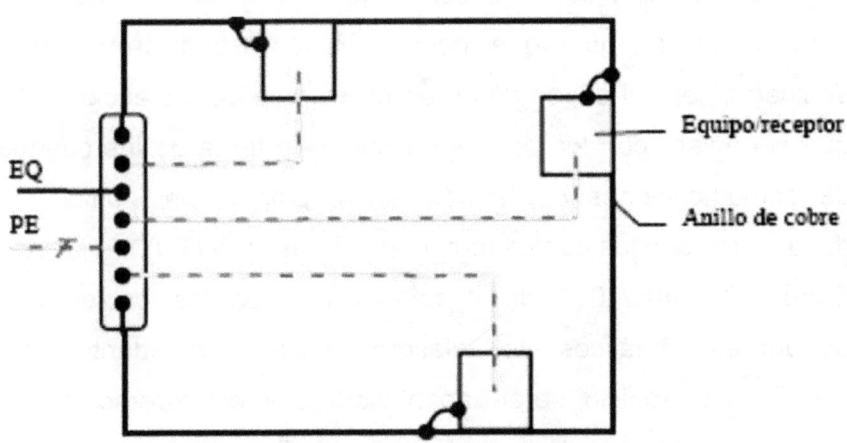

Esquema ejemplo de red equipotencial en anillo y conexión de equipos

El sistema de puesta a tierra dedicado del edificio estará íntimamente ligado a la instalación eléctrica dedicada a los servicios de telecomunicación. Dicho sistema de puesta a tierra debería diseñarse funcionalmente en dos estructuras: una red radial en estrella (PE) que actuará como tierra de protección; y, una red de conexión equipotencial (EQ) que supondrá una referencia estable de tensión para todos los equipos a ella conectados. La sección del conductor de protección (PE) será la indicada en la tabla 2 de la ITC BT- 18, mientras que el conductor equipotencial (EQ) será de cobre, flexible, con un mínimo de 25 mm^2 de sección (se recomienda 50 mm^2). Como puede apreciarse en el esquema siguiente, las estructuras del sistema de puesta a tierra dedicado, parten del borne principal de puesta a tierra del edificio (si bien este borne puede establecerse en el Cuadro General de Baja Tensión según norma UNE EN 50310:2000), desde donde se conectará con el borne de puesta a tierra del cuarto general de comunicaciones. Este punto, al igual que ocurre en la instalación eléctrica dedicada, será el origen de la red en estrella de protección (PE) que conectará con los bornes de puesta a tierra de los cuartos de comunicaciones de las diferentes plantas del edificio; y, desde ellos con los puntos terminales de usuario (TU).

Según RD 401/2003 de 4 de abril, todos los cables con portadores metálicos de telecomunicación procedentes del exterior del edificio serán apantallados, y el extremo de su pantalla estará conectado a esta tierra dedicada en un punto tan próximo como sea posible de su entrada al recinto que aloja el punto de interconexión y nunca a más de 2 m de distancia.

En general, cuando por razones de diseño, los cuartos de telecomunicaciones y/o de equipos, constituyan habitaciones independientes, la estructura mínima de la red de conexión equipotencial (EQ) consistirá esencialmente en un anillo interior y cerrado de cobre, en el cual se encontrará intercalada, al menos, una barra colectora sólida, también de cobre, dedicada a servir como borne de puesta a tierra del recinto. Este borne será fácilmente accesible y de dimensiones adecuadas. Los conductores del anillo de tierra serán flexibles, de un mínimo de 25 mm^2 de sección (se recomienda 50 mm^2), y estarán fijados a las paredes del recinto a una altura que permita su inspección visual y la conexión de los equipos En los casos de, por ejemplo, salas de equipos para albergar varios servidores de red, salas de ordenadores, el cuarto general de telecomunicaciones y, en general, donde haya equipos críticos, muchos y/o muy cercanos, según Guía BT 018-octubre 2005, la red equipotencial (EQ) puede mejorarse mediante un diseño de tipo mallado, bien de forma local en estos recintos, bien de forma global como malla única en toda la planta. Los equipos (bastidores, cuadros y armarios asociados), y demás estructuras metálicas accesibles como soportes, herrajes, bandejas, etc., de los cuartos de telecomunicaciones se conectarán sistemáticamente a la estructura equipotencial (EQ) y de forma independiente a la protección eléctrica (PE) asociada a los requerimientos de su alimentación. La longitud de la conexión entre un equipo y la red de conexión equipotencial (EQ) no deberá ser superior a 50 cm y se podrá realizar con cintas metálicas, mallas metálicas o cables circulares. No obstante, para minimizar el efecto de

217

interferencias de alta frecuencia, es recomendable la utilización de cintas o trenzas metálicas frente al cable circular, ya que este último presenta una impedancia mayor que un conductor plano del mismo material y sección.

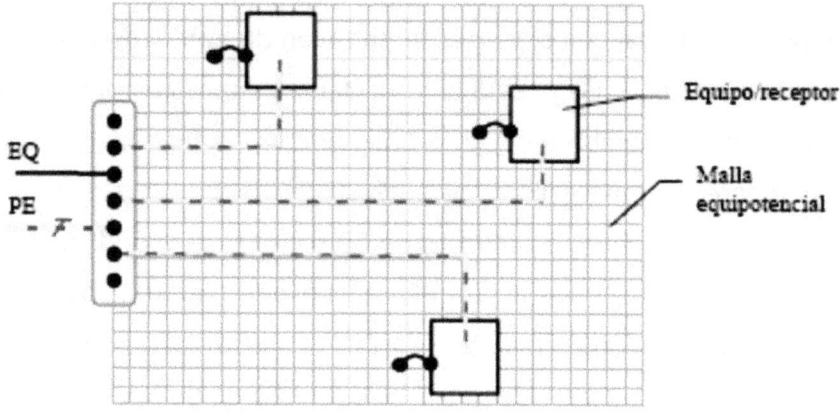

Esquema ejemplo de superficie equipotencial mallada y conexión de equipos

A esta estructura de red equipotencial (EQ) deben conectarse, también las bandejas metálicas que se utilicen como soporte de la red de cableado estructurado que se diseñe, si fuese el caso.

Tomas de corrientes y cables de conexión

Distribución por espacios:

Las tomas de corriente de las instalaciones de los centros de salud deberán distribuirse en las zonas y espacios acorde a plano del sector. Debe preverse que al menos haya una toma de corriente accesible por espacio o local. Debe preverse la instalación de tomas de la red de datos en las cercanías de las tomas de corriente para pantallas informativas y/o de turno.

Si la red de telecomunicaciones del centro integrase el servicio de voz, las cajas que alberguen las tomas de corriente denominadas de informática, podrán incorporar un enchufe más para la conexión del teléfono allí donde se requiriese. En este caso, el conjunto de las cuatro tomas constituirían una única toma final de usuario, utilizando la terminología empleada en el apartado C.5 de esta guía, correspondiente a la instalación eléctrica dedicada al servicio de telecomunicaciones.

Con el fin de limitar las cargas conectables a la tomas de corriente para conexión de equipos informáticos, las cajas que alberguen dichas tomas podrán incorporar, si se considera conveniente, un limitador de corriente de tipo magnetotérmico.

Tipos

Las bases de tomas de corriente de las instalaciones referenciadas en este documento deberán cumplir con la ITC-BT 19 y ser del tipo C2a de la norma UNE 20315; es decir, bipolar con contacto lateral de tierra, 16 A, 250 V

Excepciones:

a) Las bases de tomas corriente para conexión de negatoscopios podrán ser de 10 A.

b) Las bases de tomas corriente para conexión de equipos informáticos podrán ser de 10 A.

c) La base de toma corriente para conexión de la cocina, si fuera el caso, deberá ser del tipo ESB 25-5a de la norma UNE 20315; es decir, bipolar con contacto de tierra, 25 A, 250 V

d) Las bases de tomas de corriente del local destinado a albergar las baterías de acumuladores y cargadores correspondientes, deberán ser, además, a prueba de vapores corrosivos según norma UNE EN 60309.

Identificación

Para que sean fácilmente perceptibles, en general, el color de las bases de tomas de corriente se diferenciará del de las superficies en las que se ubiquen. Siempre que sea posible, se recomiendan colores tales como marfil, blanco, gris.

En particular, las bases de tomas de corrientes a las que conectar equipos informáticos (ordenadores, monitores, impresoras u otros periféricos) serán de color naranja.

Además de las marcas e indicaciones reguladas por la norma UNE 20315, las bases de tomas de corriente de las instalaciones objeto de este documento deberán referenciar claramente, de forma indeleble y permanente (ver G.5):

1) La identificación del circuito que la alimenta

2) El cuadro de distribución que alberga los elementos de protección del circuito anterior.

Cables de conexión

Interconexión de las distintas partes de la instalación

El cuadro eléctrico es el punto de paso de la corriente eléctrica y en el que se deben instalar los dispositivos generales e individuales de mando y protección de una instalación eléctrica.

La instalación debe subdividirse convenientemente, de forma que una avería en algún punto de la misma sólo afecte a un sector limitado de ella. Este hecho se consigue mediante la colocación de dispositivos de protección coordinados y diseñados de forma que se asegure la selectividad necesaria en la instalación. En este sentido se recomienda un sistema de cuadros que incluyese:

• Un cuadro general de distribución, del que partirán las líneas que alimentan las cargas no esenciales definidas en el apartado B.2.

• Un cuadro general de emergencia, del que partirán las líneas que alimentan las cargas esenciales o de seguridad definidas en el apartado B.2.

• Una serie de cuadros secundarios de distribución, derivados de los anteriores, disponiendo al menos uno por planta, de manera que los circuitos de cada planta estén protegidos en el cuadro ubicado en su misma planta.

De estos cuadros secundarios, si fuese necesario, podrán derivarse a su vez otros cuadros.

Ubicación

El cuadro general de distribución y el cuadro general de emergencia deberán instalarse en una zona de servicio a la que no tenga acceso el público, a poder ser en el punto más próximo posible a la entrada de la acometida o derivación individual y se colocará junto o sobre él, los dispositivos de mando y protección que se establecen en el apartado siguiente. Cuando no sea posible la instalación de estos cuadros en este punto próximo a la entrada de la acometida, se instalará en dicho punto, y dentro de un armario o cofret, un dispositivo de mando y protección (interruptor automático magnetotérmico) para cada una de las líneas. Estos cuadros estarán separados de los locales donde exista un peligro acusado de incendio por medio de elementos a prueba de incendios y puertas resistentes al fuego.

Los cuadros secundarios, se instalarán en lugares a los que no tenga acceso el público y que estarán separados de los locales donde exista un peligro acusado de incendio o de pánico (como salas de público), por medio de elementos a prueba de incendios y puertas resistentes al fuego, preferentemente en vestíbulos y pasillos, nunca en el interior de consultas. Todos los cuadros deberán disponer de los correspondientes cierres de seguridad que impidan que personas ajenas al equipo de mantenimiento pudieran manipular en su interior.

Composición de los cuadros eléctricos

Los dispositivos generales e individuales de mando y protección, cuya posición de servicio será vertical, y a una altura medida desde el suelo de entre 1 y 2 m, se ubicarán en el interior de los cuadros eléctricos de donde partirán los circuitos interiores, y constarán como mínimo de los siguientes elementos:

Cuadro general de distribución y cuadro general de emergencia

Ambos cuadros estarán segregados, debiendo constar cada uno de ellos de los siguientes elementos:

• Un interruptor general automático de corte omnipolar, que permita su accionamiento y que esté dotado de elementos de protección contra sobrecargas y cortocircuitos. Este interruptor será independiente, si existe, del interruptor de control de potencia. Este interruptor servirá de protección general con los situados aguas abajo, con los que deberá estar coordinado para que exista la correspondiente selectividad. Este interruptor deberá llevar asociada una protección diferencial, destinada a la protección contra contactos indirectos. Con esta protección en el origen de la instalación se consigue proteger mediante diferenciales toda la instalación y al mismo tiempo conseguir una elevada continuidad de servicio, pues permite actuar ante un fallo fase-masa en los niveles superiores de distribución, o como protección de los usuarios si alguno de los diferenciales ubicados aguas abajo (en los cuadros secundarios, por ejemplo) quedara fuera de servicio de forma accidental o intencionada.

Este diferencial en el origen de la instalación, se encontrará en serie con diferenciales instalados en niveles de distribución más bajos por lo que deberá establecerse la adecuada selectividad y con retardo de tiempo.

• Las líneas que partiendo de estos cuadros alimenten otros cuadros secundarios deberán disponer de dispositivos de corte omnipolar destinados a la protección contra sobrecargas y cortocircuitos.

• Si además de estos cuadros parten líneas para la alimentación directa de algunas cargas, cada uno de los circuitos deberá contar con los siguientes dispositivos:

Dispositivos de corte omnipolar destinados a la protección contra sobrecargas y cortocircuitos.

Un interruptor diferencial, destinado a la protección contra contactos indirectos en los mencionados circuitos, que deberá establecerse con la correspondiente selectividad respecto a la protección diferencial dispuesta en la cabecera de la instalación.

• Dispositivo de protección contra sobretensiones (ver apartado C.1.4).

Por último señalar, que dentro del cuadro general de emergencia se podrá instalar el conmutador para efectuar el cambio del suministro normal al suministro complementario.

Cuadros secundarios

• Un interruptor general automático de corte omnipolar, que permite su accionamiento y que esté dotado de elementos de protección contra sobrecargas y cortocircuitos.

• Interruptores diferenciales destinados a la protección contra contactos indirectos de todos los circuitos, y selectivos respecto la protección diferencial colocada en el cuadro general de distribución o cuadro general de emergencia.

• Dispositivos de corte omnipolar destinados a la protección contra sobrecargas y cortocircuitos de los diferentes circuitos.

Distribución interior de circuitos.

Características generales.

De los cuadros generales saldrán las líneas que alimentan directamente aparatos receptores o bien las líneas generales de distribución que conectarán los cuadros secundarios de distribución, de los que partirán los distintos circuitos alimentadores.

Los aparatos receptores que consuman más de 16 amperios se alimentarán directamente desde el cuadro general o desde los secundarios.

Deberán preverse circuitos distintos para las partes de la instalación que es necesario controlar separadamente, tales como alumbrado, tomas de corriente, alimentación de equipos informáticos, etc., de forma que no se vean afectados dichos circuitos por el fallo de otros, o incluso por su normal funcionamiento como consecuencia de las perturbaciones que se pueden introducir en la red por parte de algunos receptores.

En los CS, los circuitos que alimenten las zonas de atención continuada deberán disponer de dispositivos de mando y protección independientes.

Todos los circuitos deben quedar identificados en sus puntos extremos, así como en las cajas mediante etiquetas donde vendrá indicado, de manera clara, indeleble y permanente, su destino, cuadro de procedencia e interruptor que le protege.

Consideraciones de carácter general de la instalación

Separación de circuitos

Varios circuitos de potencia pueden encontrarse en el mismo tubo o en el mismo compartimento de canal si todos los conductores están aislados para la tensión asignada más elevada.

No deben instalarse circuitos de potencia y circuitos de muy baja tensión en las mismas canalizaciones, a menos que cada cable esté aislado para la tensión más alta presente o se aplique una de las disposiciones siguientes:

Que cada conductor de un cable de varios conductores esté aislado para la tensión más alta presente en el cable; que los conductores estén aislados para su tensión e instalados en un compartimento separado de un conducto o de una canal, si la separación garantiza el nivel de aislamiento requerido para la tensión más elevada.

Los circuitos que alimentan las cargas esenciales preferentemente serán independientes del resto de circuitos, tanto en el cuadro como en el trazado y en las cajas. En el caso de que compartan la misma canalización, deberá existir un tabique incombustible separador entre ambos circuitos.

Las instalaciones eléctricas que alimentan los sistemas de protección contra incendios estarán protegidas en todo su recorrido mediante compartimentaciones EI-120 (RF-120) de forma que no puedan quedar inutilizadas a causa de un incendio exterior.

Cables eléctricos

Tipo de cable

Los cables eléctricos a utilizar en las instalaciones de tipo general y en el conexionado interior de cuadros eléctricos serán cables de alta seguridad, libres de halógenos, no propagadores del incendio; en caso de incendio han de tener una emisión muy reducida de gases opacos y corrosivos. Los cables con características equivalentes las de la norma UNE 21123 parte 4 ó 5; o a la norma UNE 211002 (según la tensión asignada del cable), cumplen con esta prescripción. Todos los cables han de venir marcados por el fabricante con AS.

Los cables de instalación habitual con estas características son:
Cable ES07Z1-K (AS) (norma UNE 211002). Conductor unipolar aislado de tensión asignada 450/750 V con conductor de cobre clase 5 (-K) y aislamiento de compuesto termoplástico a base de poliolefina con baja emisión de humos y gases corrosivos (Z1).
Cable RZ1-K (AS) (norma UNE 21123-4). Cable de tensión asignada 0,6/1 kV con conductor de cobre clase 5 (-K), aislamiento de polietileno reticulado (R) y cubierta de compuesto termoplástico a base de poliolefina con baja emisión de humos y gases corrosivos (Z1).

Para el conexionado interior de los cuadros eléctricos puede utilizarse:

Cable ES05Z1-K (AS) (norma UNE 211002). Conductor unipolar aislado de tensión asignada 300/500 V con conductor de cobre clase 5 (-K) y aislamiento de compuesto termoplástico a base de poliolefina con baja emisión de humos y gas.

Los cables eléctricos destinados a los circuitos que alimentan las cargas esenciales o de seguridad, desde su origen en Baja Tensión, (ver apartado B2) deben mantener el servicio durante y después del incendio (cables resistentes al fuego), siendo conformes a las especificaciones de la norma UNE-EN 50200 y tendrán emisión de humos y opacidad reducida. Además, deben cumplir con el apartado 3.4.6 "ensayos de reacción al fuego" de la norma UNE 21123-4 o UNE 21123-5, que especifica la no propagación del incendio y las características de los humos emitidos durante la combustión. Estos cables a instalar han de estar clasificados como PH90 ó P90, es decir, que el tiempo de supervivencia del cable en ensayo sea igual o superior a 90 minutos y deberán venir marcados por el fabricante con AS+. Se excluye del anterior requisito a los cables eléctricos que alimentan al alumbrado normal, los cuales podrán ser de tipo AS.

Sección de los conductores. Caídas de tensión

La sección de los conductores a utilizar se determinará de forma que la caída de tensión entre el origen de la instalación interior y cualquier punto de utilización sea del 3 % para alumbrado y del 5 % para los demás usos. Esta caída de tensión se calculará considerando alimentados todos los aparatos de utilización susceptibles de funcionar simultáneamente. Cuando exista

Centro de Transformación propio, las caídas de tensión máximas admisibles serán del 4,5 % para alumbrado y del 6,5 % para los demás usos.

El número de aparatos susceptibles de funcionar simultáneamente se determinará en cada caso particular, de acuerdo con las indicaciones incluidas en el Reglamento Electrotécnico para Baja Tensión y, en su defecto, con las indicaciones facilitadas por el usuario considerando una utilización racional de los aparatos.

Para tener en cuenta las corrientes armónicas debidas a cargas no lineales y posibles desequilibrios, salvo justificación por cálculo, la sección del conductor neutro será como mínimo igual a la de las fases.

Identificación de conductores

Los conductores de la instalación deben ser fácilmente identificables, especialmente por lo que respecta al conductor neutro y al conductor de protección. Esta identificación se realizará por los colores que presenten sus aislamientos. Al conductor de protección se la identificará por el color verde-amarillo. Todos los conductores de fase, o en su caso, aquellos para los que no se prevea su pase posterior a neutro, se identificarán por los colores marrón o negro.

Cuando se considere necesario identificar tres fases diferentes, se utilizará también el color gris.

Protecciones de diferenciales y magnetotérmicos

Protección diferencial y contra sobreintensidades ITC-BT-38

Se emplearán dispositivos de protección diferencial de alta sensibilidad (≤ 30 mA) y de clase A, para la protección individual de aquellos equipos que no estén alimentados a través de un transformador de aislamiento, aunque el empleo de los mismos no exime de la necesidad de puesta a tierra y equipotencialidad.

Se dispondrán las correspondientes protecciones contra sobreintensidades.

Los dispositivos alimentados a través de un transformador de aislamiento no deben protegerse con diferenciales en el primario ni en el secundario del transformador.

Intensidades máximas admisibles

Las intensidades máximas admisibles, se regirán en su totalidad por lo indicado en la Norma UNE 20460-5-523 y su anexo Nacional.

Protección contra sobretensiones

Las sobretensiones son picos de tensión muy elevados y de muy corta duración que pueden originar fallos de funcionamiento, destrucción del material y la no continuidad del servicio. La ITC-BT-23, en su punto 1 indica que se originan fundamentalmente, como consecuencia de descargas atmosféricas, conmutaciones de redes y defectos en las mismas.

Los dispositivos encargados de proteger la instalación contra estas sobretensiones responden ante la entrada de impulsos y picos inesperados de tensión, derivándolos y evitando su propagación por la red eléctrica interior.

La ITC-BT-23 define dos situaciones diferentes para señalar cuando es preciso instalar protección contra sobretensiones:

• Situación natural: cuando no es preciso la protección contra sobretensiones. Se prevé un bajo riesgo de sobretensiones cuando la instalación está alimentada por una red subterránea en su totalidad, o por una línea aérea constituida por conductores aislados con pantalla metálica unida a tierra en sus dos extremos.

• Situación controlada: cuando si es preciso la protección contra sobretensiones.

Cuando una instalación se alimenta por, o incluye, una línea aérea con conductores desnudos o aislados, se considera necesaria una protección contra sobretensiones de origen atmosférico en el origen de la instalación.

También se considera situación controlada aquella situación natural en que es conveniente incluir dispositivos de protección para una mayor seguridad (por ejemplo, continuidad de servicio, valor económico de los equipos, pérdidas irreparables, etc.)

Sin embargo, la GUIA-BT-23-OCT05 matiza más, y en base a un análisis de riesgos contemplado en la norma IEC 61662, considera situación controlada, y que por lo tanto debe disponer de protección contra sobretensiones, todas aquellas instalaciones en las que el fallo del suministro o de los equipos debido a la sobretensión pudiera afectar a las instalaciones de los locales de pública concurrencia cubiertos por la ITC-BT-28.

Además, aunque la situación sea natural, se considera recomendable la instalación de dispositivos de protección contra sobretensiones en aquellas provincias con al menos 20 días de tormenta al año. Por todo ello se recomienda la instalación de dispositivos de protección contra sobretensiones, que deben seleccionarse de forma que su nivel de protección sea inferior a la tensión soportada a impulso de la categoría de los equipos y materiales que se prevé que se vayan a instalar.

Cuadros eléctricos: Cuadro General de Distribución (CGD) y cuadros secundarios

Dentro de los cuadros Secundarios y primarios se dispondrán de Interruptores diferenciales y termomagnéticos, según las condiciones técnicas establecidas en la ITC-BT-38.

Debe quedar perfectamente detallado cada uno de los cuadros eléctricos que constituyen la distribución interior del CS, indicando:

• Ubicación

• Tipo envolvente

• Descripción de los dispositivos generales e individuales de control, mando y protección.

• Identificación del cuadro

• Características de las líneas que alimentan a los cuadros secundarios de distribución desde el CGD.

Características de las líneas que desde los cuadros secundarios alimentan las distintas cargas que parten de él, indicando su sección, longitud y denominación de cada circuito

Suelos antielectrostáticos

Medidas contra el riesgo de incendio o explosión ITC-BT-38

Para los quirófanos o salas de intervención en los que se empleen mezclas anestésicas gaseosas o agentes desinfectantes inflamables, la figura 2 muestra las zonas G y M, que deberán ser consideradas como zonas de la Clase I; Zona 1 y Clase 1; Zona 2, respectivamente, conforme a lo establecido en la ITC-BT-29. La zona M, situada debajo de la mesa de operaciones (ver figura 2), podrá considerarse como zona sin riesgo de incendio o explosión cuando se asegure una ventilación de 15 renovaciones de aire /hora. Los suelos de los quirófanos o salas de intervención serán del tipo antielectrostático y su resistencia de aislamiento no deberá exceder de 1 MΩ, salvo que se asegure que un valor superior, pero siempre inferior a 100 MΩ, no favorezca la acumulación de cargas electrostáticas peligrosas. En general, se prescribe un sistema de ventilación adecuado que evite las concentraciones de los gases empleados para la anestesia y desinfección.

Iluminación

Suministros complementarios ITC-BT-38

Además del suministro complementario de reserva requerido en la ITC-BT-20 será obligatorio disponer de un suministro especial complementario, por ejemplo con baterías, para hacer frente a las necesidades de la lámpara de quirófano o sala de intervención y equipos de asistencia vital, debiendo entrar en servicio automáticamente en menos de 0,5 segundos (corte breve) y con una autonomía no inferior a 2 horas. La lámpara de quirófano o sala de intervención siempre estará alimentada a través de un transformador de aislamiento (ver **figura 1**).Todo el sistema de protección deberá funcionar con idéntica fiabilidad tanto si la alimentación es realizada por el suministro normal como por el complementario.

Iluminación interior

Parámetros de iluminación por espacios

La iluminación en los centros donde se desarrolle una actividad sanitaria, y en general en cualquier lugar de trabajo deberá permitir que los trabajadores dispongan de condiciones de visibilidad adecuadas.

Los parámetros de iluminación que contemplamos en este apartado y que estarán en función de la actividad a realizar y el espacio donde se desarrolla son:

- Nivel medio de iluminación

- Índice unificado de deslumbramiento

- Índice de reproducción cromática

Nivel medio de iluminación

La iluminancia o nivel de iluminancia, es la cantidad de flujo luminoso (lúmenes) que emitido por una fuente de luz, llega vertical u horizontalmente a una superficie, dividido por dicha superficie, siendo su unidad de medida el lux.

El nivel de iluminancia se ha fijado en función del tipo de tarea a realizar necesidades de agudeza visual), las condiciones ambientales y la duración de la actividad.

El sistema de iluminación debe ser diseñado de tal forma que los niveles de iluminación se obtengan en el mismo lugar donde se realiza la tarea. Así pues, dichos niveles deberían ser medidos a la altura del plano de trabajo. En las áreas de uso general los niveles de iluminación han de obtenerse a una altura de 85 cm. del suelo, en tanto que en las vías de circulación dichos niveles se deben medir al nivel del suelo.

Por otra parte, la tarea debe ser iluminada de la forma más uniforme posible. Se recomienda que la relación entre los valores mínimos y medio de los niveles de iluminación existentes en el área del puesto donde se realiza la tarea no sea inferior a 0,8. En las tablas que figuran en este apartado, en muchos casos, se relacionan dos niveles de iluminación, uno general y otro localizado (como complemento de la iluminación general), realizándose el control de éste último de manera independiente al primero.

Índice unificado de deslumbramiento

El deslumbramiento se puede producir cuando existen fuentes de luz cuya luminancia es excesiva en relación con la luminancia general existente en el interior del local (deslumbramiento directo, producido por luz solar o artificial), o bien, cuando las fuentes de luz se reflejan sobre superficies pulidas (deslumbramiento por reflejos o deslumbramiento indirecto).

El deslumbramiento directo de lámparas se elimina con la utilización de luminarias que redistribuyan el flujo de las mismas de forma idónea para la actividad a realizar.

El deslumbramiento debido a la luz natural se puede controlar mediante la distribución idónea de las mesas y utilización de sistemas de apantallamiento con regulación en ventanas y claraboyas.

El deslumbramiento reflejado, al estar influido por el color y el acabado de las superficies que aparecen en el campo de visión del observador, se controlará si las superficies del local y del mobiliario disponen de un acabado mate que evite los reflejos molestos. El grado de deslumbramiento lo expresamos mediante el índice UGR de la Comisión Internacional de la Iluminación (CIE).

Índice de reproducción cromática

El color de un espacio o local iluminado artificialmente, dependerá de la lámpara seleccionada y concretamente de dos parámetros de la lámpara: índice de reproducción cromática Ra y su apariencia de color dada por su temperatura de color.

El índice de reproducción cromática, caracteriza la capacidad de la fuente de luz para reproducir colores normalizados, en comparación con la reproducción proporcionada por una luz patrón de referencia. Mientras más alto sea este valor mejor será la reproducción del color. Por otra parte, la temperatura de color caracteriza la tonalidad de la luz emitida. Respecto de la temperatura de color, se recomienda utilizar tonos cálidos para la zona de acceso y salas de espera, tonos fríos para las áreas técnicas y tonos neutros para el resto de espacios del CSAP.

En las tablas que figuran a continuación, se indica, para cada espacio:

- Nivel medio de iluminación en lux

- Valor máximo del índice de deslumbramiento

- Valor mínimo del índice de reproducción cromática

Lámparas

Las lámparas recomendadas para la iluminación general de interior en Centros de Salud de Atención Primaria son:

1. Fluorescentes tubulares lineales de 26 mm. de diámetro (T8).

2. Fluorescentes tubulares lineales de 16 mm. de diámetro (T5).

3. Fluorescentes compactas con equipo incorporado (lámparas de bajo consumo).

4. Fluorescentes compactas (TC y TC-L).

5. Halogenuros metálicos cerámicos.

Son diversos los factores que determinarán el tipo de lámpara más apropiado: como la eficacia de la lámpara, cualidades cromáticas, flujo luminoso, vida media, equipo necesario y aspectos medioambientales.

El criterio recomendado a seguir para seleccionar la lámpara más adecuada para cada dependencia será:

1.- Seleccionar aquella lámpara que cumpla con el valor del índice de reproducción cromática (Ra) y temperatura de color, recomendados para el espacio en el apartado anterior. No obstante no se utilizarán lámparas con Ra < 80 en espacios interiores donde trabajen personas durante largo tiempo.

2.- De aquellos tipos de lámparas que cumplan la condición anterior, seleccionar la de mayor eficiencia energética, es decir, la que tenga un valor mayor del parámetro lúmenes por vatio (eficacia luminosa). No obstante, exceptuando los casos de iluminación decorativa, y los espacios donde el criterio de diseño, la imagen o el estado anímico que se quiere transmitir al usuario con la iluminación es preponderante respecto al criterio de eficiencia energética, no se emplearán lámparas con una eficacia luminosa inferior a 60 lm/W.

3.- De aquellas lámparas que cumplan la condición anterior, seleccionar la de mayor vida media, medida en horas.

La iluminación localizada en consultas se realizará con lámparas de diagnóstico/exploración/quirúrgicas/ /examen equipadas con fluorescentes compactas o halógenas, y equipo electrónico y de regulación, con el control integrado en la propia luminaria.

Deberán cumplir la norma UNE-EN 60.601-2-41 de 2001: *Equipos electromédicos*. Requisitos particulares de seguridad para las luminarias quirúrgicas y las luminarias para diagnóstico.

Luminarias

La norma UNE-EN 60.598 define la luminaria como el aparato de alumbrado que reparte, filtra o transforma la luz emitida por una o varias lámparas y que comprende todos los dispositivos necesarios para el soporte, la fijación y la protección de lámparas (excluyendo las propias lámparas) y, en caso necesario, los circuitos auxiliares en combinación con los medios de conexión con la red de alimentación.

Las luminarias recomendadas para la iluminación general de interior en Centros de Salud de Atención Primaria son:

1. Downlights empotrables o de superficie.

2. Luminarias empotrables con celosías especulares.

3. Plafón con difusor.

4. Luminarias estancas.

Las luminarias a emplear serán de clase I, esto es, estarán conectadas a la toma de tierra de protección, y serán conformes a los requisitos establecidos en las normas de la serie UNE-EN 60.598 y la ITC-BT-44.

Balastos

Son los componentes que limitan el consumo de corriente de la lámpara a sus parámetros óptimos. Serán electromagnéticos y electrónicos (éstos últimos los únicos posibles en las lámparas fluorescentes lineales T5). Desde el punto de vista de eficiencia energética los balastos electrónicos suponen una pérdida entre el 5% y el 11% de la potencia de la lámpara, mientras que con balastos electromagnéticos dichas pérdidas pueden llegar a ser de hasta el 25%. Se tenderá en las nuevas instalaciones a utilizar exclusivamente balastos electrónicos. En aquellas luminarias que tengan un número par de lámparas, se recomienda utilizar un balasto por cada dos lámparas. En función del tipo de encendido, se emplearán dos tipos de balastos electrónicos:

- Con precaldeo: para estancias con un número frecuente de encendidos.

- Sin precaldeo: para estancias donde el número de encendidos y apagados diarios no sea superior a tres. Se instalarán en zonas administrativas, vestíbulos, distribuidores, pasillos y corredores abiertos al público, salas de espera y consultas en general. Todo balasto debe tener marcado, además de las características eléctricas, el t_w (temperatura máxima de funcionamiento), Δt (incremento de temperatura), ta (temperatura máxima de ambiente) y $\cos\phi$ (factor de potencia).

Cuando el equipo auxiliar de las lámparas fluorescentes sea un balasto electromagnético precisará un arrancador comúnmente conocido como cebador, el cual realiza en primer lugar el caldeo de los cátodos para posteriormente iniciar el encendido.

Desde el punto de vista de la eficiencia energética los arrancadores suponen una pérdida entre el 0,8-1,5% de la potencia de la lámpara. Cuando se utilicen balastos electromagnéticos, irán acompañados de condensadores para corregir el factor de potencia a los valores definidos en normas y reglamentos en vigor. Con balastos electrónicos no son necesarios ya que el factor de potencia está corregido prácticamente hasta la unidad. Las pérdidas en condensadores suponen entre el 0,5-1% de la potencia de la lámpara. En el caso de receptores con lámpara de descarga será obligatoria la compensación del factor de potencia hasta un valor mínimo de 0,9, y no se admitirá compensación en conjunto de un grupo de receptores en una instalación de régimen de carga variable, salvo que dispongan de un sistema de compensación automático con variación de su capacidad siguiendo el régimen de carga.

Sistemas de regulación y control

La implantación de sistemas de control reduce los costes energéticos y de mantenimiento de la instalación e incrementa la flexibilidad del sistema de iluminación artificial. Este control permite realizar encendidos selectivos y regulación de las luminarias durante diferentes periodos de actividad, o según el tipo de actividad cambiante a desarrollar.

Iluminación exterior

Las rutas de acceso, los aparcamientos (si los hubiera) y los paseos circundantes al edificio del CSAP deben estar iluminados para la seguridad de los trabajadores del Centro y de los visitantes. El sistema de accionamiento del alumbrado exterior se realizará con interruptores horarios o fotoeléctricos. Además de lo anterior se dispondrá de un interruptor manual que permita el accionamiento del sistema, dicho interruptor manual se encontrará en la zona de recepción. Las líneas de alimentación a los puntos de luz, partirán desde un cuadro de protección y estarán protegidas individualmente, con corte omnipolar, en este cuadro, tanto contra sobreintensidades (sobrecargas y cortocircuitos), como contra corrientes de defecto a tierra y contra sobretensiones cuando los equipos instalados lo precisen. La intensidad de defecto, umbral de desconexión de los interruptores diferenciales, que podrán ser de reenganche automático, será como máximo de 300 mA y la resistencia de puesta a tierra, medida en la puesta en servicio de la instalación, será como máximo de 30 Ω. No obstante se admitirán interruptores diferenciales de intensidad máxima de 500 mA o 1 A, siempre que la resistencia de puesta a tierra medida en la puesta en servicio de la instalación sea inferior o igual a 5 Ω y a 1 Ω, respectivamente.

El factor de potencia de cada punto de luz, deberá corregirse hasta un valor mayor o igual a 0,90. La máxima caída de tensión entre el origen de la instalación y cualquier otro punto de la instalación, será menor o igual que 3%.

Lámparas y luminarias

Las lámparas recomendadas para la iluminación exterior del CSAP son: Lámparas fluorescentes compactas o lámparas de descarga de vapor de mercurio. Se utilizarán luminarias de alumbrado público, luminarias decorativas de exterior para balizamiento y decoración de zonas ajardinadas o proyectores. En todos los casos, serán conformes la norma UNE-EN 60.598-2-3 y la UNE-EN 60.598-2-5 en el caso de proyectores de exterior. Los soportes de las luminarias de alumbrado exterior, se ajustarán a la normativa vigente (en el caso de que sean de acero deberán cumplir el RD 2642/85, RD 401/89 y OM de 16/5/89). Serán de materiales resistentes a las acciones de la intemperie o estarán debidamente protegidas contra éstas, no debiendo permitir la entrada de agua de lluvia ni la acumulación del agua de condensación. Los soportes que lo requieran, deberán poseer una abertura de dimensiones adecuadas al equipo eléctrico para acceder a los elementos de protección y maniobra; la parte inferior de dicha abertura estará situada, como mínimo, a 0,30 m de la rasante, y estará dotada de puerta o trampilla con grado de protección IP 44 según UNE 20.324 (EN 60.529) e IK10 según UNE-EN 50.102. La puerta o trampilla solamente se podrá abrir mediante el empleo de útiles especiales y dispondrá de un borne de tierra cuando sea metálica.

Alumbrado de emergencia

Las instalaciones destinadas a alumbrado de emergencia tienen por objeto asegurar, en caso de fallo de la alimentación al alumbrado normal, la iluminación en los locales y accesos hasta las salidas, para una eventual evacuación del público o iluminar otros puntos que se señalen. La alimentación del alumbrado de emergencia será automática con corte breve (alimentación automática disponible en 0,5 segundos como máximo). Se incluyen dentro de este alumbrado el alumbrado de seguridad y el alumbrado de reemplazamiento.

Alumbrado de seguridad

Es el alumbrado de emergencia previsto para garantizar la seguridad de las personas que evacuen una zona o que tienen que terminar un trabajo potencialmente peligroso antes de abandonar la zona. El alumbrado de seguridad estará previsto para entrar en funcionamiento automáticamente cuando se produce el fallo del alumbrado general o cuando la tensión de éste baje a menos del 70% de su valor nominal. La instalación de este alumbrado será fija y estará provista de fuentes propias de energía. Sólo se podrá utilizar el suministro exterior para proceder a su carga, cuando la fuente propia de energía esté constituida por baterías de acumuladores o aparatos autónomos automáticos.

Alumbrado de evacuación

Es la parte del alumbrado de seguridad previsto para garantizar el reconocimiento y la utilización de los medios o rutas de evacuación cuando los locales estén o puedan estar ocupados.

En rutas de evacuación, el alumbrado de evacuación debe proporcionar, a nivel del suelo y en el eje de los pasos principales, una iluminancia horizontal mínima de 1 lux.

En los puntos en los que estén situados los equipos de las instalaciones de protección contra incendios que exijan utilización manual y en los cuadros de distribución del alumbrado, la iluminancia mínima será de 5 lux.

La relación entre la iluminancia máxima y la mínima en el eje de los pasos principales será menor de 40.

El alumbrado de evacuación deberá poder funcionar, cuando se produzca el fallo de la alimentación normal, como mínimo durante una hora, proporcionando la iluminancia prevista.

Alumbrado ambiente o antipánico

Es la parte del alumbrado de seguridad previsto para evitar todo riesgo de pánico y proporcionar una iluminación ambiente adecuada que permita a los ocupantes identificar y acceder a las rutas de evacuación a identificar obstáculos.

El alumbrado ambiente o antipánico debe proporcionar una iluminancia horizontal mínima de 0,5 lux en todo el espacio considerado, desde el suelo hasta una altura de 1 m. La relación entre la iluminancia máxima y la mínima en será menor de 40. El alumbrado ambiente o antipánico deberá poder funcionar, cuando se produzca el fallo de la alimentación normal, como mínimo durante una hora, proporcionando la iluminancia prevista.

Alumbrado de zonas de alto riesgo

Es la parte del alumbrado de seguridad previsto para garantizar la seguridad de las personas ocupadas en actividades potencialmente peligrosas o que trabajan en un entorno peligroso. Permite la interrupción de los trabajos con seguridad para el operador y para los otros ocupantes del local.

El alumbrado de las zonas de alto riesgo debe proporcionar una iluminancia mínima de 15 lux o el 10% de la iluminancia normal, tomando siempre el mayor de los valores.

La relación entre la iluminancia máxima y la mínima en todo el espacio considerado será menor de 10.

El alumbrado de las zonas de alto riesgo deberá poder funcionar, cuando se produzca el fallo de la alimentación normal, como mínimo el tiempo necesario para abandonar la actividad o zona de alto riesgo.

Alumbrado de reemplazamiento

Parte del alumbrado de emergencia que permite la continuidad de las actividades normales.

Cuando el alumbrado de reemplazamiento proporcione una iluminancia inferior al alumbrado normal, se usará únicamente para terminar el trabajo con seguridad.

Lugares en que deberá instalarse alumbrado de emergencia

Independientemente del tipo de alumbrado que llevará cada espacio del Centro de Salud de Atención Primaria, que se recoge en un apartado posterior, algunos de los lugares donde según la ITC-BT-28 y/o el Código Técnico de la Edificación deben instalarse alumbrado de emergencia, son los siguientes:

Con alumbrado de seguridad:

• En todos los recintos cuya ocupación sea mayor de 100 personas.

• Los recorridos generales de evacuación de zonas destinadas a uso hospitalario.

• En los aseos generales de planta en edificios de acceso público.

• En los locales que alberguen equipos generales de las instalaciones de protección.

• En las salidas de emergencia y en las señales de seguridad reglamentarias.

• En todo cambio de dirección de la ruta de evacuación.

• En toda intersección de pasillos con las rutas de evacuación.

• En el exterior del edificio, en la vecindad inmediata a la salida.

• Las escaleras y pasillos protegidos, los vestíbulos previos y las escaleras de incendios.

• Cerca de las escaleras, de manera que cada tramo de escaleras reciba una iluminación directa.

• Cerca de cada cambio de nivel.

• Cerca de cada equipo manual destinado a la prevención y extinción de incendios.

• En los cuadros de distribución de la instalación de alumbrado de las zonas indicadas anteriormente.

• Talleres de mantenimiento, almacenes lencería, de mobiliario, de limpieza o de otros elementos combustibles cuando el volumen total de la zona sea mayor de 100 m^3.

• Almacenes de residuos cuando la superficie construida sea mayor de 5 m^2.

• Archivos de documentos o cualquier otro uso para el que se prevea la acumulación de papel, cuando la superficie construida sea mayor de 25 m^2.

Medidas de resistencias

Efectos de la corriente eléctrica:

Los efectos de la corriente Eléctrica sobre el organismo humano son variables dependiendo:

A) Estado físico del individuo (seco, húmedo, piel intacta, corazón abierto etc.)

B) Trayectoria de paso de la corriente a través del individuo

C) Naturaleza y tipo de corriente eléctrica que es generada (Intensidad (I) Voltaje o Tensión (V), resistencia puesta a su paso (R), tiempo aplicación, etc.).

Estos efectos vienen reguladas por:

Ley de OHM $I = V/R$ $V = I \cdot R$

I = Intensidad de la corriente que pasa por el ser humano (Amperios). (Según Norma 29.572 efectos de la corriente eléctrica al pasar por el cuerpo humano).

I sería:

• "Umbral de Percepción" (Se percibe un ligero hormigueo), fijado en 1 mA (C.A.).

• " Intensidad Limite " (La persona aún es capaz de soltar un conductor), de 10mA.

• V = Voltaje (Voltios) Tensión de contacto. Diferencia de tensión entre un punto de entrada de la corriente y otro de salida. La tensión habitual a red es de 220v.

• R = Resistencia que opone el cuerpo al paso de la corriente (Ohmios), como cálculo.

R sería:

• Según el Reglamento de Baja tensión (ITC-MI- BT- 021) el valor de la Resistencia para un cuerpo humano de tipo medio se calcula como 2.500 Ohmios.

• Según UNE 20.572 el valor de R estaría entre 2.500 y 650 Ohmios.

• Según la Norma CEI -479 (Comité Eléctrico Internacional) existen valores a tener en cuenta según esté la piel de la persona en diferentes circunstancias A sí:

RESISTENCIA DEL CUERPO HUMANO MEDIDA EN OHMIOS(Norma CEI-479)

TENSIÓN DE CONTACTO (V)	PIEL SECA	PIEL HÚMEDA	PIEL MOJADA	PIEL SUMERGIDA
≤ 25 (Seguridad en mbientes húmedos)	5.000	2.500	1.000	500
50 (Seguridad en ambientes secos)	4.000	2.000	875	440

Los efectos sobre el organismo serán diferentes según se efectúe en el exterior del cuerpo(piel intacta) ó en el interior (situación quirúrgica)

Transformadores de aislamientos

Suministro a través de un transformador de aislamiento ITC-BT-38

Es obligatorio el empleo de transformadores de aislamiento o de separación de circuitos, como mínimo uno por cada quirófano o sala de intervención, para aumentar la fiabilidad de la alimentación eléctrica a aquellos equipos en los que una interrupción del suministro puede poner en peligro, directa o indirectamente, al paciente o al personal implicado y para limitar las corrientes de fuga que pudieran producirse (ver figura 1).

Se realizará una adecuada protección contra sobreintensidades del propio transformador y de los circuitos por él alimentados. Se concede importancia muy especial a la coordinación de las protecciones contra sobreintensidades de todos los circuitos y equipos alimentados a través de un transformador de aislamiento, con objeto de evitar que una falta en uno de los circuitos pueda dejar fuera de servicio la totalidad de los sistemas alimentados a través del citado transformador.

El transformador de aislamiento y el dispositivo de vigilancia del nivel de aislamiento, cumplirán la norma UNE 20615.

Se dispondrá de un cuadro de mando y protección por quirófano o sala de intervención, situado fuera del mismo, fácilmente accesible y en sus inmediaciones. Éste deberá incluir la protección contra sobreintensidades, el transformador de aislamiento y el dispositivo de vigilancia del nivel de aislamiento.

Es muy importante que en el cuadro de mando y panel indicador del estado del aislamiento, todos los mandos queden perfectamente identificados y sean de fácil acceso. El cuadro de alarma del dispositivo de vigilancia del nivel de aislamiento deberá estar en el interior del quirófano o sala de intervención y ser fácilmente visible y accesible, con posibilidad de sustitución fácil de sus elementos.

Aislamientos y separación de circuitos

Se realizará mediante el empleo de un transformador, como mínimo por quirófano o grupo convertidor de modo la fuente de utilización de energía (Circuito de alimentación y distribución) queda separada del circuito general de suministro de electricidad al quirófano, para aumentar la fiabilidad de la alimentación eléctrica y para limitar las corrientes de fugas. Se concede especial importancia a la protección contra las sobreintensidades del propio transformador y para tener la seguridad del aislamiento de estos circuitos se dispone de un detector de fugas capaz de detectar una pérdida de aislamiento que originaría una corriente de fuga superior a 4 mA en instalaciones a 220 v., siempre que se trate de medidas por impedancia, o sea inferiores a 50.000 Ohmios cuando se trate de medidas por resistencia. Cuando es mayor en el monitor se encenderá una luz Roja. Si persiste un segundo defecto a tierra se accionará una alarma acústica. En todos los casos nos detecta el fallo pero no donde se encuentra. Regulados por Norma UNE 20 615:

Transformador

- La tensión secundaria de aislamiento no sobrepasará los 250v.

- La potencia del transformador no excederá de 7,5 K VA

- Dispondrá de un cuadro de mando y protección por quirófano fuera del mismo, pero accesible, con protección de sobreintensidades.

- Control, al menos, semanal del correcto funcionamiento y estado.

Controles periódicos
Control y mantenimiento ITC-BT-38
- Antes de la puesta en servicio de la instalación
La empresa instaladora autorizada deberá proporcionar un informe escrito sobre los resultados de los controles realizados al término de la ejecución de la instalación, que comprenderá, al menos:
El funcionamiento de las medidas de protección
La continuidad de los conductores activos y de los conductores de protección y puesta a tierra
La resistencia de las conexiones de los conductores de protección y de las conexiones de equipotencialidad
La resistencia de aislamiento entre conductores activos y tierra en cada circuito
La resistencia de puesta a tierra
La resistencia de aislamiento de suelos antielectrostáticos, y
El funcionamiento de todos los suministros complementarios.
Después de su puesta en servicio
Se realizará un control, al menos semanal, del correcto funcionamiento del dispositivo de vigilancia de aislamiento y de los dispositivos de protección,
Así mismo, se realizarán medidas de continuidad y de resistencia de aislamiento, de los diversos circuitos en el interior de los quirófanos o salas de intervención, como mínimo mensualmente.

El mantenimiento de los diversos equipos deberá efectuarse de acuerdo con las instrucciones de sus fabricantes. Además de las inspecciones periódicas establecidas en la ITC-BT-05, se realizará una revisión anual de la instalación por una empresa instaladora autorizada, incluyendo, en ambos casos, las verificaciones indicadas en 2.4.1 anterior.

Libro de Mantenimiento

Todos los controles realizados serán recogidos en un "Libro de Mantenimiento" de cada quirófano o sala de intervención, en el que se expresen los resultados obtenidos y las fechas en que se efectuaron con firma del técnico que los realizó. En el mismo, deberán reflejarse con detalle las anomalías observadas, para disponer de antecedentes que puedan servir de base a la corrección de deficiencias.

Empleo de muy baja tensión de seguridad ITC-BT-38

Las instalaciones con Muy Baja Tensión de Seguridad (MBTS) tendrán una tensión asignada no superior a 24 V en corriente alterna y 50 V en corriente continua y cumplirá lo establecido en la ITC-BT-36.

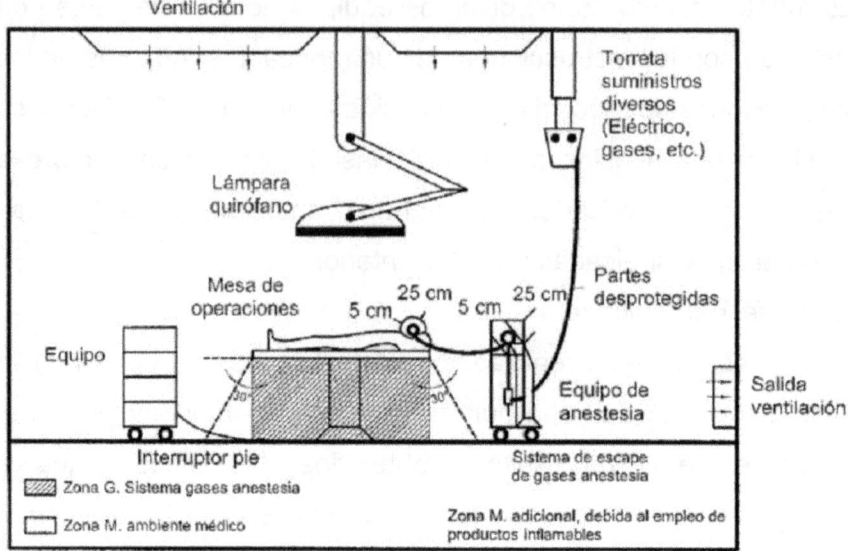

Figura 2

Zonas con riesgo de incendio y explosión en el quirófano, cuando se empleen mezclas anestésicas gaseosas o agentes desinfectantes inflamables.

AUTOEVALUACION

Instalaciones eléctricas en quirófanos y áreas especiales: Monitor detector de fugas. Puestas a tierra. Conductores de equipontencialidad. Tomas de corriente y cables de conexión. Protecciones de diferenciales y magnetortérmicos. Suelos antielectrostáticos. Iluminación. Medidas de las resistencias. Transformadores de aislamientos. Controles periódicos.

---

1. ¿Cuántos suministros de energía deberá tener los referidos en la norma ITC-BT-28?
   a) Uno
   b) Dos
   c) Tres
   d) Cuatro
   e) Cinco

2. El suministro complementario será utilizado como:
   a) Suministro normal
   b) Suministro de reserva
   c) Suministro terciario
   d) Suministro primario
   e) Ninguna es correcta

3. El suministro complementario, podrá ser suministrado por:
   a) Por la misma empresa del suministro normal
   b) Por otra empresa suministradora distinta de la normal
   c) Por el propio usuarios si dispone de medios propios de suministro
   d) a b y c son correctos
   e) Ninguna es correcta

4. Cuál de los siguientes corresponden a cargas esenciales o de seguridad:
   a) Sistemas contra incendios
   b) Entretechos
   c) Ascensores
   d) a y c son correctas
   e) Ninguna es correcta

5. Cuál de las siguientes no corresponden a cargas esenciales o de seguridad:
   a) Climatización
   b) Pararrayos
   c) Suelo técnico
   d) Ventiladores
   e) Ninguna es correcta

6. La alimentación de las cargas esenciales o de seguridad pueden ser:
   a) Recta o lineal
   b) Circular o poligonal
   c) Automática o no automática
   d) Céntrica o excéntrica
   e) Ninguna es correcta

7. La GUIA-BT-28- Sep 04, considera conveniente que cuando tanto el suministro normal como el suministro complementario procedan de la red de distribución pública, las líneas de alimentación de ambos suministros procedan de transformadores de:
   a) Distribución distintos
   b) Distribución paralelas
   c) Distribución en serie
   d) Distribución estrellas
   e) Distribución triángulo

8. En el caso de alumbrado de emergencia que la ITC-BT-28 específica, la conmutación entre el suministro normal y el suministro de reserva debe ser:
   a) Semiautomática con corte prolongado
   b) Automática con corte prolongado
   c) Semiautomática con corte breve
   d) Automática con corte breve
   e) Ninguna es correcta

9. La conmutación entre el suministro normal y el suministro de reserva conmutación se puede realizar mediante:
   a) Tiristores
   b) Transistores
   c) Transformadores
   d) Contactores
   e) Colectores

10. Requisitos particulares para la instalación eléctrica en quirófanos y salas de intervención, a que normativa se refiere es encabezado:
   a) ITC-BT-35
   b) ITC-BT-37
   c) ITC-BT-33
   d) ITC-BT-31
   e) ITC-BT-38

11. En un monitor de fugas, el color verde, señalizado mediante señalización óptica (led) indica:
   a) Alarma
   b) Peligro
   c) Alerta
   d) Correcto funcionamiento
   e) Ninguna es correcta

12. Para quirófanos o salas de intervención deberán de disponer de un suministro trifásico con neutro y:
   a) Conductor monofásico
   b) Conductor bifásico
   c) Conductor de distribución
   d) Conductor de protección
   e) Conductor de disipación

13. La puesta a tierra es la unión eléctrica directa:
- a) Sin cables ni conexión
- b) Sin fusibles ni protección alguna
- c) Sin empalmes ni conectores
- d) Ninguna es correcta
- e) Todas son correctas

14. En el ámbito de las telecomunicaciones o instalaciones con equipos de tecnología de la información, la puesta a tierra deberá cumplir con el objetivo de protección de:
- a) Incendios y escritorios
- b) Personas y equipos
- c) Elementos y cosas
- d) Ninguna es correcta
- e) Todas son correctas

15. ¿Cómo se denomina la puesta a tierra que requiere una topología especial?
- a) Sistema de Puesta a Tierra perjudicado
- b) Sistema de Puesta a Tierra atomizado
- c) Sistema de Puesta a Tierra afinado
- d) Sistema de Puesta a Tierra plegado
- e) Sistema de Puesta a Tierra Dedicado

16. Qué partes accesibles han de estar unidas al embarrado de equipotencialidad?
- a) Las partes del cuadro
- b) Las partes de emergencia
- c) Las partes de madera
- d) Las partes metálicas
- e) Ninguna es correcta

17. ¿Qué color/es se deberá emplear para la identificación de los conductores de equipotencialidad y de protección?
- a) Rojo – Azul
- b) Verde – Gris
- c) Marrón – Azul
- d) Blanco – Negro
- e) Verde – Amarillo

18 Qué define el siguiente enunciado: Es el punto de paso de la corriente eléctrica y en el que se deben instalar los dispositivos generales e individuales de mando y protección de una instalación eléctrica:
   a) La puesta a tierra
   b) El circuito eléctrico
   c) EL monitor de fugas
   d) El cuadro eléctrico
   e) Ninguna es correcta

19. Los suelos de los quirófanos o salas de intervención serán del tipo antielectrostático y su resistencia de aislamiento no deberá exceder de:
   a) 10 MΩ
   b) 100 MΩ
   c) 1 MΩ
   d) 1000 MΩ
   e) 0,1 MΩ

20. Cuáles corresponden a los tipos de iluminación:
   a) Iluminación interior
   b) Iluminación exterior
   c) Alumbrado de emergencia
   d) Alumbrado de seguridad
   e) Todas son correctas

21. Según el Reglamento de Baja tensión (ITC-MI- BT- 021) el valor de la Resistencia para un cuerpo humano de tipo medio se calcula como:
   a) 2.000 Ohmios
   b) 1.000 Ohmios
   c) 500 Ohmios
   d) 100 Ohmios
   e) 2.500 Ohmios

22. El transformador de aislamiento y el dispositivo de vigilancia del nivel de aislamiento, cumplirán la norma:
 a) UNE 20615
 b) UNE 20645
 c) UNE 20622
 d) UNE 20666
 e) UNE 20145

23. Todos los controles realizados serán recogidos en un:
 a) Manual de los equipos
 b) Libro de actas
 c) Ordenes de trabajo
 d) Libro de mantenimiento
 e) Ninguna es correcta

24. El mantenimiento de los diversos equipos deberá efectuarse de acuerdo con:
 a) Lo que nos parezca
 b) Las instrucciones de sus fabricantes
 c) Nuestra intuición
 d) Ninguna es correcta
 e) Todas son correctas

SOLUCIONARIO

1. b) Dos
2. b) Suministro de reserva
3. d) a b y c son correctos
4. d) a y c son correctas
5. a) Climatización
6. c) Automática o no automática
7. a) Distribución distintos
8. d) Automática con corte breve
9. d) Contactores
10. e) ITC-BT-38
11. d) Correcto funcionamiento
12. c) Conductor de distribución
13. b) Sin fusibles ni protección alguna
14. b) Personas y equipos
15. e) Sistema de Puesta a Tierra Dedicado
16. d) Las partes metálicas
17. e) Verde – Amarillo
18. d) El cuadro eléctrico
19. c) 1 MΩ
20. e) Todas son correctas
21. e) 2.500 Ohmios
22. a) UNE 20615
23. d) Libro de mantenimiento
24. b) Las instrucciones de sus fabricantes

INSTALACIONES ELECTRICAS ESPECIALES EN EDIFICIOS E INDUSTRIA

Miguel D'Addario

Primera edición

CE

2015

www.ingramcontent.com/pod-product-compliance
Lightning Source LLC
Chambersburg PA
CBHW051857170526
45168CB00001B/138